生物学野外综合实践教学系列教材

秦岭火地塘常见动物图鉴

卜书海　郑雪莉　主编

科学出版社

北　京

内 容 简 介

本书收录了秦岭火地塘生物学实习基地常见昆虫和脊椎动物 261 种，配有彩色图片 398 幅，每种动物都配有 1~3 幅能反映其分类学形态特征和野外生境的彩色照片，并有简明的文字叙述。本书中也使用了一些红外感应自动照相机拍摄的图片，其中部分影像只显示了动物的大概轮廓，这为野外识别快速运动的动物提供帮助。

本书可作为高等院校生物学野外实习的参考书，也可供相关领域工作者使用、参考。

图书在版编目（CIP）数据

秦岭火地塘常见动物图鉴 / 卜书海，郑雪莉主编．—北京：科学出版社，2015.6

生物学野外综合实践教学系列教材

ISBN 978-7-03-044510-0

I.①秦… Ⅱ.①卜… ②郑… Ⅲ.①秦岭-动物-图集 Ⅳ.①Q958.524.1-64

中国版本图书馆CIP数据核字（2015）第117882号

责任编辑：吴美丽 / 责任校对：郑金红

责任印制：赵 博 / 封面设计：铭轩堂

科学出版社 出版

北京东黄城根北街16号

邮政编码：100717

http://www.sciencep.com

北京利丰雅高长城印刷有限公司印刷

科学出版社发行 各地新华书店经销

*

2015年6月第 一 版 开本：787×1092 1/16

2015年6月第一次印刷 印张：10 3/4

字数：237 000

定价：49.80元

（如有印装质量问题，我社负责调换）

“生物学野外综合实践教学系列教材”
编写指导委员会

《秦岭火地塘常见动物图鉴》编写委员会

主　　编　卜书海　郑雪莉

编　　者　卜书海　郑雪莉　陈铁山　王吉申
袁　烁

主 摄 影　卜书海　王吉申　袁　烁　孙承骞

其他摄影人员（按姓氏笔画排序）

卢　元　田宁朝　朱仁斌　孙　斌
余寿毅　宋　阳　张征恺　郑雪莉
胡永乐　赵纳勋　蒋　超

序

生物学教学是农科类本科人才知识结构建造的基础，其实践能力培养是人才培养质量的基石。进入 21 世纪以来，环境问题的日益凸显，对生物学教学提出了新的要求和挑战。了解自然，探索自然，处理好人与自然的关系，加强生态文明教育是现代大学，特别是农林院校应对全球气候变化和日益严重的环境问题必须承担的历史使命。

农科类专业的生物学实践教学包括了生态学、植物学、动物学、土壤学和气象学等课程的内容。在传统的教学模式下，实践教学以课程为单元进行，知识割裂、缺乏基于生态系统情景的学习和实践，不利于学生综合运用所学知识研究生态系统功能及培养生态文明意识，难以调动学生主动学习的积极性。2005 年以来，西北农林科技大学根据“厚基础，宽口径，强实践，重创新，具有国际视野”的人才培养总体目标，坚持以创新实践能力培养为突破口，依托国家教育体制改革项目和陕西省教育教学改革项目，以学校火地塘教学试验林场为平台，围绕“知识获取”、“能力提高”和“生态文明素养养成”三条主线，提出“亲近自然，崇尚科学，生态文明”的教育教学理念，打破课程壁垒，系统整合生态学、植物学、动物学、土壤学和气象学的实践教学内容，构建生物学野外综合实践教学内容新体系；组建教学团队，采用情景式教学，充分调动学生获取知识、探索自然的积极性，将生态文明教育有机融入生物学野外实践教学，提高学生的生态文明素养，收到了很好的效果。

《秦岭火地塘常见动物图鉴》是西北农林科技大学“生物学野外综合实践教学系列教材”之一，是作者多年来对火地塘动物资源考察的总结。书中收录了秦岭火地塘生物学实习基地常见动物 128 科、217 属、261 种，配有彩色图片 398 幅，结合简明的文字描述，便于学生实习中快捷、准确识别、鉴定动物，深刻理解秦岭动物物种对生境的选择特征和偏爱性。

相信该书的编写出版会进一步提高西北农林科技大学生物学综合实习的质量，并对学生生态文明素养的提高起到积极作用。

赵

2015 年 5 月

前言

西北农林科技大学生物学综合实践课程的不断探索和改革，要求高质量的实习教材和参考书，以满足和方便学生野外实践过程中动物类群的快速查找和认知。鉴于此，我们组织编写了《秦岭火地塘常见动物图鉴》，希望本书能给学生带来最直观的物种识别和特定生境的理解，努力挖掘火地塘所在山地在动物学实习中所特有的功能和作用。

火地塘所在的区域属北亚热带气候，雨水充沛，森林繁茂，孕育了种类繁多的野生动物，共有 5 纲、24 目、71 科、192 属、289 种（亚种）的野生脊椎动物，以及 29 目、287 科、2004 种的昆虫。火地塘林场珍稀、新奇物种较多，如孙悟空步甲、库氏锯天牛、梅氏豹天蚕蛾等都是近 20 年内发表的昆虫新种，它们的分布仅限于秦岭地区；火地塘珍稀兽类则以川金丝猴、羚牛、黑熊、林麝为代表。在这些脊椎动物中，有国家重点保护物种 30 种，陕西省省级重点保护物种 20 种，我国特有种 63 种。在组成的动物区系中，东洋界成分占明显优势，充分表现出东洋界与古北界动物类群在此交汇的特征；区系成分复杂多样，东南热带－亚热带成分占主要地位，并含有一定的北方型物种；区系起源古老，有丰富的食虫类物种，同时孑遗成分多，有更新世早期延续到今的黑熊、豪猪、猪獾、花面狸和野猪等，也有更新世中期延续到今的毛冠鹿、鬣羚、竹鼠、林麝和青鼬等。

本书主要满足农林院校和综合性生物类相关专业的生物学实习需要和保护区巡护人员的基本识别需求，也是旅友探索秦岭奥秘的实用工具，使他们在野外能够快速识别野生动物。因此，本书尽力做到图文并茂，文字通俗易懂，方便使用。本书在动物分类系统上主要参考《中国鸟类分类与分布名录（第二版）》(郑光美，2011)、《中国哺乳动物种和亚种分类名录与分布大全》(王应祥,2003)、《中国观鸟年报“中国鸟类名录”v3.0》(董路等，2013)、《中国动物志爬行纲（第二、第三卷）》(赵尔宓，1997，1998)、《中国动物志两栖纲（下卷）》(费梁,2009)、《秦岭鱼类志》(陕西省动物研究所，1987)、《昆虫分类》(郑乐怡和归鸿，1998)。本书共介绍秦岭火地塘常见昆虫102种，鱼类5种，两栖动物9种，爬行类18种，鸟类96种，兽类31种。本书中也使用了一些红外感应自动照相机拍摄的图片，其中部分影像只显示了动物的大概轮廓，这为野外识别快速活动的动物提供帮助。

本书编写过程中，西北农林科技大学常务副校长赵忠教授对编写内容提出了宝贵的指导意见，并在百忙之中亲自为本书作序；承蒙西北农林科技大学戴武教授、西北大学杨兴中教授审阅；本书的编写也得到了陕西省林业厅孙承骞副厅长、西北农林科技大学教务处处长陈玉林教授、黄德宝副处长、生命科学学院副院长胡锦江教授的大力支持。谨此，表示衷心感谢！

由于编者水平有限，书中难免有疏漏和不妥之处，敬请使用本书的老师、学生和生物爱好者予以批评指正。

编　者

2015年5月

目录

脊椎动物野外识别

1. 生境观察

各种动物以一定的方式生活于某一特定的生境之中，生境中食物、水、隐蔽三要素的结构配置深刻影响动物对生境的选择。例如，蛙类偏爱有水源的区域，一些蜥蜴喜欢干燥的地域，黑脊蛇选择在潮湿的土壤中活动，雁鸭类多栖息于开阔的水面，松鼠、鼯鼠多选择森林的环境等。

2. 形态特征识别

（1）体型

身体大小和形状是初步识别动物的重要特征，特别是对快速飞行的鸟类识别。例如，鳅类体型呈长棒状，与鸡相似的血雉、红腹锦鸡，与麻雀相似的蓝鹀、金翅等；与蜥蜴体型相似，在水中活动的山溪鲵；与家狗大小相似的狼等。

（2）姿态

根据动物奔跑、飞翔、静止姿态来快速识别是一种有效的方法。例如，鹡鸰、鹨、云雀、燕雀及啄木鸟等波浪式飞行；百灵和云雀垂直起飞与降落；伯劳、鹡鸰尾上下摆动，鹪鹩在栖止时常仰头翘尾，很像小公鸡；林麝静立时前肩低后臀高。

（3）体色与纹理

观察动物体色时，因逆光看好像是黑色，容易产生错觉，故应顺光观察。观察中，首先要注意整体颜色，其次在短时间内看清头、背、尾、胸等主要部位，并抓住主要明显的特征，如头顶、眼圈、体背、腹部及尾等处的鲜艳或异样色彩。例如，秦岭雨蛙周身绿色，头侧有镶细黑线的棕色斑；丽斑麻蜥背部具多行白色斑点；红白鼯鼠胸白背棕栗色，鹊鹞、喜鹊体色为黑白两色相嵌，蓝翡翠、红嘴蓝鹊体色以蓝色为主等。

3. 主要行为方式

鼯鼠依靠皮膜采取滑翔式运动，蝙蝠依靠皮膜在空中飞翔，鼹鼠、鼢鼠、竹鼠善于地下掘土，黑熊常爬上树取食果实，啄木鸟喜在树干上攀援等。

4. 活动时间

多数兽类喜欢晨昏活动，林麝常常夜间活动，羚牛白天与晨昏都在活动；蜥蜴类喜欢温暖的午间活动，颈槽游蛇喜欢白天活动，黑脊游蛇喜欢雨后活动；巫山角蟾、隆肛蛙常在夜间捕食，夜鹰和鸮夜间活动，鹰隼类白天活动等。

5. 痕迹识别

野外相对容易直接观察到鸟类、蜥蜴、蛙类和蛇类，但是遇见兽类是比较困难的，因此需要动物痕迹来进行动物(主要是兽类)识别。常见动物痕迹种类包括足迹、取食(捕食）痕迹、食丸（食团、唾余）、粪便，以及动物爪痕、蹭痒痕迹等。

（1）足迹

足迹的大小、形状、足迹链的步幅、足迹的基底性质、动物行动姿态（行走、慢跑、跳跃等）留下的足迹是判断野生动物的重要线索。

根据鸟类足的排列位置和是否有蹼（主要为游禽和涉禽），可分为 10 种类型：不等趾型，为 3 趾向前、1 趾向后，如血雉；对趾型，为第 2、第 3 趾向前，第 1、第 4 趾向后，如啄木鸟；异趾型，为第 3、第 4 趾向前，第 1、第 2 趾向后，如咬鹃；前趾型，为 4 趾均向前方，如雨燕；并趾型，似常态足，但前 3 趾的基部并连，如翠鸟；转趾型，与不等趾足相似，但第 4 趾可转向后；蹼足，前趾间具发达的蹼膜，如潜鸟；瓣蹼足，趾两侧附有叶状蹼膜，如䴙䴘；半蹼足，蹼退化，仅在趾间基部存留，如鹤；凹蹼足，与蹼足相似，但蹼膜向内凹入，如燕鸥；全蹼足，4 趾间均有蹼膜相连，如鸬鹚。在野外实践中，鹛类等鸣禽、鸡类等走禽和鹬、雁等涉禽和游禽常会在潮湿地面留下清晰的足迹，多数鸟类很难发现足迹。

根据兽类足着地方式，可分为 3 种行走模式：跖行，即跗跖（掌部）、趾均着地，如熊类、灵长类等；趾行，即全趾着地，如犬科、猫科动物；蹄行，仅趾端（蹄）着地，如有蹄类。不同科属兽类足印趾痕也可能不同，如猫科动物足印前端有 4 个趾痕，而熊有 5 个。同时，猫科动物行走时将爪缩起而不会留下爪痕，而熊科、犬科动物足印明显有爪痕。

在野外观察足迹时，要注意测量爪痕、足印的长和宽，判断前足、后足，以及同侧

跨距和异侧跨距，并且注明地面基底状态，如冰上、雪上（被雪多少厘米）、土上等。此外，需要对足迹摄影，这是一个十分直观而有力的记录方式。拍照时，将卷尺放置于被摄物体旁边，以便提供参照系统。如果实在没有卷尺等测量工具，使用通行物体（如人民币、笔）作为参照物。在拍照单个足印时，一定要垂直足印平面，使视角可以观察到整个足印。在分别为足印、足迹链拍照后，也要为当地生境拍照。

（2）粪便识别

不同类别和种类的野生动物粪便往往呈现不同的外形，但也有一定的规律可循。以兽类为例，从粪便的总体形态可区分出食草兽和食肉兽，即食草兽粪便通常小而略带团丸形，食肉兽的粪便大多长而大，呈圆柱状或长条形并带有逐渐变细的末端。至少其形态和大小能帮助鉴别分类到目级类群。例如，羚牛冬季粪便大而呈圆柱状；苏门羚粪便略小呈椭圆形，似大花生大小；斑羚粪便具干性略呈圆形，多呈不规则粒叠性，似小花生大小；毛冠鹿与斑羚相似，但粪粒小且呈椭圆形；小麂粪粒比毛冠鹿更小；林麝粪粒大小相似于小麂粪便，粪便表面光滑黑亮，嗅闻有细微的麝香味（雄性）；野猪的粪便似家猪粪；豹粪便呈节堆状，后节甚细长，始端近圆形，向后渐小，末端具针尾。

（3）洞穴特征

对于一些兽类，如竹鼠、鼢鼠、鼹鼠等营地下生活，可根据洞穴、土堆加以判断。竹鼠洞穴多在竹林中，洞口是开放的，常有挖掘洞穴形成的土堆和堵在洞口的竹枝；鼢鼠洞口完全封闭，但会在地面形成多个明显土堆，但在山地森林里所形成的土堆不明显；鼠兔洞口周围没有土堆，也没有堵塞物放在洞口。

（4）其他痕迹

取食（捕食）痕迹也是一个重要的动物识别特征。鹰隼类和鸮类取食后常常会将未消化的食团吐出，通过食团所在位置容易找到它们，同时根据食团中大量的骨骼和毛发还可以对鼠类进行鉴别；野猪觅食时常会有大面积的拱痕，羚牛取食华山松树皮时会留下高低不等的啃食痕迹，豪猪也常会啃食楤木基部的树皮等。此外羚牛、野猪在树干上的蹭痒痕迹、猫科动物留在树上的挂爪痕都会成为重要的识别信息。

以上几种识别方法必须灵活运用，不能仅凭一种方法。例如，对一些善于鸣叫的鸟类，常循其鸣声，再走近观察形态与颜色，以确切辨认。对于一些猫科、鼬科、犬科、鼠类等中小型动物，尽可能收集众多的信息，如痕迹、生境、形态、行为等，这样才能进行准确地识别。

哺乳动物野外识别

川西缺齿鼩鼱 *Chodsigoa hypsibia*

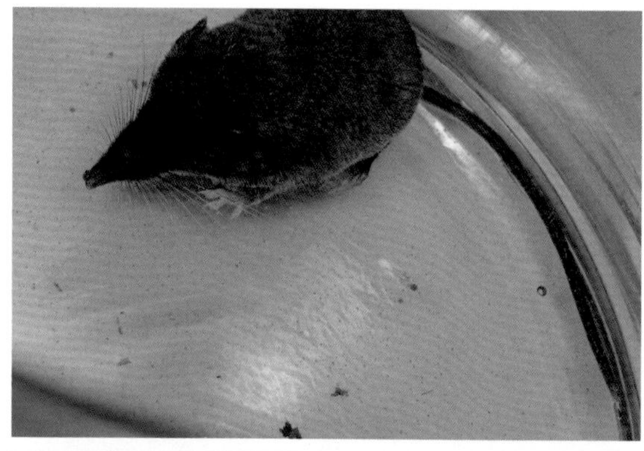

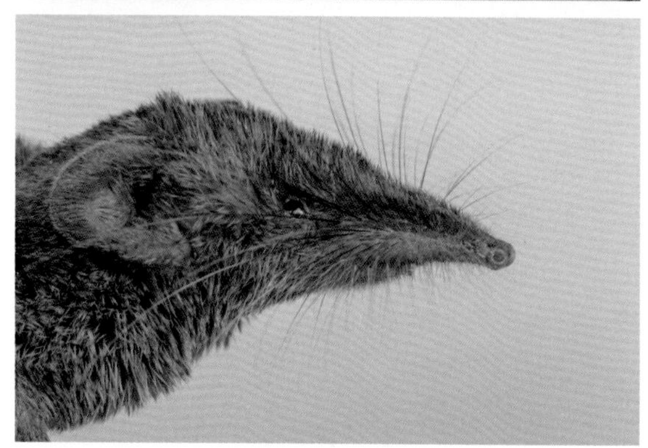

（De Winton's Shrew，川西长尾鼩）
食虫目 Insectivora
鼩鼱科 Soricidae
亚洲鼩属 *Chodsigoa*

体型较大，体长 73~99 mm；尾长小于体长，尾长 60~80 mm。后足较小，通常小于 17 mm。通体灰棕色，足背白黄色。尾上浅褐色，尾下白色。齿式（单尖齿型）：3·1·1·3/1·1·1·3=28。上颌门齿前尖大，后尖小。上颌具 3 枚单尖齿，第一单尖齿大于其后两个几乎等大的单尖齿。

生活于海拔 1000~3600 m 地区的林缘灌丛、休垦地和针叶林地。以昆虫和蚯蚓为食，也吃种子。国内有 2 个亚种，其中分布于陕西的为 *Chodsigoa hypsibia hypsibia*，见于秦岭南北坡的林地中。中国特有种。

喜马拉雅水鼩 *Chimmarogale himalayica*

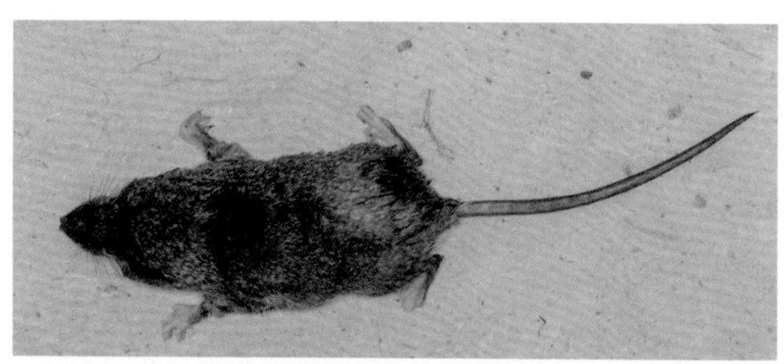

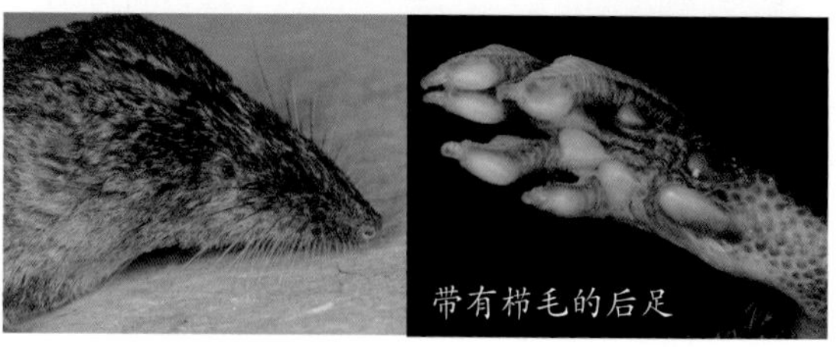

带有栉毛的后足

（Himalayan Water Shrew，褐腹水鼩）
食虫目 Insectivora
鼩鼱科 Soricidae
东方水鼩属 *Chimmarogale*

体型较大，体长 115~132 mm，尾长 79~112 mm，后足长 23~26 mm。毛被浅黑棕色，杂有少许白毛，腹面淡茶褐色，背腹色在体下侧无明显分界。足趾边缘有浅白色毛栉，尾背黑褐色，尾下侧毛栉白色。齿式（单尖齿型）：3·1·1·3/1·1·1·3=28。齿尖纯白色，上下前门齿特别发达，上颌具 3 枚单尖齿。

生活于海拔 250~2000 m 林区的清澈溪河里，在近水石隙、水边营巢。以水生昆虫、蝌蚪和小鱼为食。国内有 3 个亚种，其中分布于陕西的为指名亚种 *Chimmarogale himalayica himalayica*，见于秦岭南北坡的溪流边。

小纹背鼩鼱 *Sorex bedfordiae*

（Lesser Striped Shrew，尖嘴耗，药老鼠）
食虫目 Insectivora
鼩鼱科 Soricidae
鼩鼱属 *Sorex*

体型小，体重4g左右。体长50~72 mm，尾长48~66 mm。吻尖长，眼不发达，耳短小。大多数个体从颈基到尾基有一条黑色背中线条纹（不如纹背鼩鼱 *Sorex cylindricauda* 明显）。吻部覆以污白色短毛，体背、腹毛都呈深棕色，两者几乎同色或腹面稍淡。

生活于海拔1500~2500 m的山地森林、草灌、荒地。以蚂蚁等昆虫及蠕虫为食，在地上落叶层觅食。国内有3个亚种，其中分布于陕西的为川西亚种（*S. bedfordiae bedfordiae*），见于秦岭南坡的针阔混交林中。中国特有种。

长吻鼹
Euroscaptor longirostris

（Long-rostrum Mole，鼹鼠，反扒子）
食虫目 Insectivora
鼹科 Talpidae
东方鼹属 *Euroscaptor*

体长90~145 mm，尾长11~25 mm，后足长14~23 mm。体形粗圆，眼小，头外形狭长，吻尖而向前突出，吻端裸露无毛。卵圆孔到听泡距离小于2 mm。毛被短而细密，略具丝光光泽。通体暗灰色到黑色，有时略有浅棕色。尾短呈球棒状，尾毛稀疏，暗褐色。四肢粗短。前足掌部异常宽大并向外翻折。

栖息于海拔800~2600 m的山地森林、草丛。高度适应掘土生活，主要营地下生活，食虫。陕西分布于秦岭南坡。中国特有种。

长尾鼩鼹 *Scaptonyx fusicaudus*

（Long-tailed Mole，针尾鼹）
食虫目 Insectivora
鼹科 Talpidae
长尾鼩鼹属 *Scaptonyx*

体长 72~90 mm，尾长 26~45 mm。吻部覆以污白色短毛，体背、腹面覆以一致短而厚密的黑褐色柔毛，具金属光泽。尾表面覆有黑毛；四足背面棕褐色。吻尖而细长，其上下面具纵沟。齿式：3 · 1 · 4 · 3/2 · 1 · 4 · 3=42。眼退化，无外耳壳。前足较宽，具长而直的爪。尾长等于或超过体长之半，呈棍棒形。

鼹型，地下生活型。局限于高海拔（2000~4100 m）地区的山地森林、林缘草灌丛。食虫。本种为鼹类的古老孑遗种，中国有 2 个亚种，陕西为 *S. f. fusicaudus*，分布于秦岭南坡。

川金丝猴
Rhinopithecus roxellana

（Golden Monkey，仰鼻猴）
灵长目 Primates
猴科 Cercopithecidae
仰鼻猴属 *Rhinopithecus*

雌猴与幼猴

体长 530~770 mm，头圆，耳短，吻部浑圆，颜面天蓝色，鼻孔上仰。身被金丝状长毛，尾长显著长于体长。成体雄猴具粗大的上犬齿，其嘴角具大的瘤状突起。雌性个体略小，颜色也暗淡一些。

栖息于落叶阔叶林和针阔叶混交林中。群居、昼行，树栖生活，具有季节性垂直迁徙习性。主要以多种乔木、灌木、藤本、草本植物为食。每年 9~10 月交配，翌年 3~5 月产仔，每胎 1 仔。陕西见于宁陕、周至、太白、佛坪、洋县 5 个县内海拔 1500~2800 m 的中山、高山森林中。国家 I 级重点保护野生动物。中国特有物种。

貉 *Nyctereutes procyonoides*

（Raccoon Dog，狸）
食肉目 Carnivora
犬科 Canidae
貉属 *Nyctereutes*

体长 450~660 mm，尾长 160~220 mm。躯体肥胖矮粗，体型小，腿不成比例的短，爪不能伸缩，吻略尖，外形似狐。前额和鼻吻部白色，眼周黑色。颊部覆有蓬松的长毛，形成环状领。躯体与尾被有蓬松长毛，背毛浅棕灰色，混有黑色毛尖。胸部、腿和足暗褐色。

栖息于阔叶林中开阔、接近水源的地方或开阔草甸、茂密的灌丛和芦苇地。夜行性，独居，但有时以家庭群生活或成对觅食。杂食动物，食物多以啮齿类为主，且食取植物种子、坚果和根茎等。每年 2~3 月交配，5~6 月产仔，每胎 5~8 仔。分布于陕西的为西南亚种（*N. procyonoides orestes*），见于汉阴、佛坪、宁陕、安康、旬阳和洛南等县的浅山区。

赤狐 *Vulpes vulpes*

（Red Fox，红狐，狐狸）
食肉目 Carnivora
犬科 Canidae
狐属 *Vulpes*

体长 500~800mm，尾长 350~450 mm。体型修长，四肢较短，吻尖而长，耳直立且先端尖，尾毛蓬松。毛色通体棕黄或棕红色，毛尖灰白色，耳背上部及四肢外侧均趋黑色，尾尖白色，吻部两侧黑褐，喉、胸、腹污白色。头顶至中央有一条明显的栗褐色纵纹。

栖息于开阔地和植被交错的灌丛环境。夜行性，结小群，居于树洞、土洞、岩缝。杂食动物，食物多以啮齿类为主，且取食植物果实等。每年 12 月底到翌年 2 月交配，3~5 月产仔，每胎 1~10 仔。陕西见于太白、宁强、汉阴、佛坪、宁陕、安康、旬阳和商南等地。

豹猫 *Prionailurus bengalensis*

（Southeast Asian Spotted Cats，抓鸡虎，钱猫）
食肉目 Carnivora
猫科 Felidae
豹猫属 *Prionailurus*

体型比家猫稍大，体长 400~750 mm，形似豹。耳大而尖，耳后黑色，带有白斑点。南方种毛色基调是淡褐色或浅黄色，而北方种毛基色显得更灰且周身有深色斑点。一般由头到肩常有 4 条深色的纵向条纹，两眼内侧向额顶部延伸 2 条明显的白色纵纹。尾长，有环纹至黑色尾尖。

栖息地类型如热带雨林、针叶林、灌丛林等。夜行性，独居，善攀爬和游泳。非季节性繁殖，孕期 60~70 天，每胎 2~3 仔。亚洲地区分布最广泛的小型猫科动物。国内有 5 个亚种，其中分布于陕西的为四川亚种（*P. bengalensis scripta*），见于秦岭、巴山地区的宁强、汉中、宁陕、柞水、镇坪等地。

花面狸 *Paguma larvata*

（Masked Palm Civet，果子狸）
食肉目 Carnivora
灵猫科 Viverridae
花面狸属 *Paguma*

体长 400~690 mm，尾长 350~600 mm。头部毛色较黑，由额头至鼻垫有一条白色纵纹，眼下及耳下具白斑，鼻部黑色，背部体毛灰棕色。后头、肩、四肢末端及尾巴后半部为黑色，四肢各具五趾。趾端有爪，爪稍有伸缩性。

栖息于多种森林类型及农业区。夜行性，独居，树栖性；白天在树洞中睡觉，也居住于地洞，并组成 2~10 只的小家庭群。主要吃果实、啮齿类、鸟、昆虫和根等，属杂食性动物。2~5 月发情交配，每胎 1~5 仔。国内分布记录有 9 个亚种，其中分布于陕西的为秦巴亚种（*P. larvata reevesi*），见于秦岭、巴山地区的宁强、汉中、宁陕、柞水、镇坪、周至、眉县等地。

水獭　*Lutra lutra*

（Common Otter，水狗）
食肉目 Carnivora
鼬科 Mustelidae
水獭属 *Lutra*

体型细长，体长490~840 mm，头部宽而略扁，吻短，耳短小而圆，裸露的鼻垫上缘呈“W”形。鼻孔、耳道内均具有瓣膜。四肢短，趾间具蹼。尾长超过体长之半，尾基部较粗。全身被毛短而细密，具丝绢光泽;底绒丰厚柔软。体背棕褐，胸腹颜色灰褐，喉部、颈下灰白色，毛色呈季节性变化。

栖居在陡峭的岸边、河岸浅滩，以及水草少和附近林木繁茂的水域或河湾处。半水栖兽类，昼伏夜出，以鱼类为主食。非季节性繁殖，孕期63天，每胎2~3仔。陕西见于太白、佛坪、宁陕、石泉、安康、柞水和商县等地。国家II级重点保护野生动物。

青鼬　*Martes flavigula*

（Yellow-Throated Marten，黄喉貂，蜜狗）
食肉目 Carnivora
鼬科 Mustelidae
貂属 *Martes*

身体大小似家猫，体长400~600 mm，尾呈圆柱形，其长超过体长之半。头顶部黑褐色，颈背棕黄色，向后渐变为黄褐或黑褐色，臀部黑褐色，下颌白色，颈、颈侧和胸部棕黄，腹部棕灰或黄灰色，四肢和尾呈黑或黑褐色。

栖息于海拔3000 m以下阔叶或针阔混交林。穴居，行动敏捷，善于攀援树木陡岩，单独或成对于晨昏活动。以啮齿动物、鸟、鸟卵、昆虫及野果为食，酷爱食蜂蜜。夏秋交配，翌年春产仔，每胎2仔。陕西见于太白、周至、柞水、山阳、佛坪、宁陕、石泉、商州等地。国家II级重点保护野生动物。

猪獾 *Arctonyx collaris*

（Hog Badger，獾子）
食肉目 Carnivora
鼬科 Mustelidae
猪獾属 *Arctonyx*

成体

幼体

体长 310~740 mm，尾长 90~220 mm。身体粗壮，四肢短粗有力。鼻吻狭长而圆，吻端酷似猪鼻，鼻垫与上唇间裸露无毛。眼小，耳短圆。面部几乎为白色，从鼻子延伸出两条黑色纵纹，穿过眼和淡白的耳直达颈部。足、腹和腿部为深褐色至黑色；喉部白色（狗獾 *Meles meles* 为黑色）；前足爪为白色，尾淡白色。

栖息于森林区，从低地丛林至海拔 3500 m 的高山林地。独居，晨昏活动，杂食，主要以植株块茎、根、蚯蚓、蜗牛和昆虫为食。每年在 2~5 月产仔，每胎 2~4 仔。中国有 3 个亚种，其中分布于陕西的为西南亚种（*A. collaris albogularis*），见于秦巴山区的太白、周至、华阴、宁强、宁陕等县。

黑熊 *Ursus thibetanus*

（Asiatic Black Bear，黑瞎子）
食肉目 Carnivora
熊科 Uridae
熊属 *Ursus*

体长 1160~1750 mm，尾长 50~160 mm。体型中等，头圆，吻短，耳大，眼小。全身黑色，胸部有显著的"V"形白斑。前后足均 5 趾，爪锐利但不能收缩；前掌有 1 个大的腕垫，大小近似跖垫。

喜栖息于栎树阔叶林和针阔混交林。白天活动，善爬树、游泳，能直立，嗅觉和听觉良好，视觉较差。植食性，也取食昆虫、小型兽类和动物尸体。6~8 月交配，1~3 月产仔，每胎 1~3 仔。陕西见于太白、宁强、汉阴、佛坪、宁陕、安康、旬阳和镇安等县。国家 II 级重点保护野生动物。

野猪 *Sus scrofa*

（Wild Boar，山猪）
偶蹄目 Artiodactyla
猪科 Suidae
猪属 *Sus*

体长 1500 ~2000 mm。体貌似家猪，但吻鼻尖长，面部狭长斜直，耳小而直立，肩凸尾短，体被粗稀硬毛。雄性犬齿粗大锋锐呈“獠牙”，且向外上方曲翘。成体体色具灰黑和棕黄白 2 种色型。

属山地森林种类，广栖常绿阔叶林、针阔混交林等多种林型。性凶猛，善奔跑和泅水；喜拱土、翻石和滚泥塘。营游荡性生活，晨昏、夜间活动，杂食，以植物为主。年产二胎，每胎 8~12 仔。广布性种类，陕西各地均有分布。

小麂 *Muntiacus reevesi*

（Chinese Muntjac，黄麂子）
偶蹄目 Artiodactyla
鹿科 Cervidae
麂属 *Muntiacus*

体长 640~900 mm。尾长 86~130 mm。上体棕黄，四肢黑褐，额部红褐色，通常额腺两侧各有一明显的棕黑色条纹尾腹面及腹部白色。雄性有角和獠牙，但角叉短小，角尖向内侧弯曲。

喜栖息于灌木覆盖的岩石地段和较开阔的松林、栎林。通常冬天在森林带，夏天转移到高海拔的峭壁区。晨昏活动，机警，独居，采食青草及灌木的叶、芽、花、果实。孕期 7 个月，每胎 1~2 仔。陕西见于秦岭南坡的宁强、汉阴、佛坪、宁陕、安康、旬阳和镇安等县。

羚牛 *Budorcas taxicolor*

（Golden Takin，白羊，金毛扭角羚）
偶蹄目 Artiodactyla
牛科 Bovidae
羚牛属 *Budorcas*

雄

雌

幼体

雄性、雌性体长分别为 2000 mm 和 1700 mm 左右。尾短小，体型高大、壮硕，肩高于臀，鼻骨特别隆起，下颏具须，雌雄均具角且角尖扭向外后侧。体色白色或金黄或红棕，幼仔黑褐色。

羚牛属高山森林动物，常栖息于海拔 2000 m 以上的中山或亚高山针阔混交林等生境中。具有明显的季节迁移现象。昼夜活动，以 5~20 只的家族群活动。以草、树叶、竹叶、嫩枝、树皮为食。6~8 月交配，翌年 3 月产仔，每胎 1 仔。见于凤县、宁陕、长安、太白、眉县、周至、蓝田、宁强、柞水等地。国家 I 级重点保护野生动物。

鬣羚 *Naemorhedus sumatraensis*

（Chinese Serow，苏门羚，明鬃羊）
偶蹄目 Artiodactyla
牛科 Bovidae
斑羚属 *Naemorhedus*

体长 1400~1700 mm，尾长 110~160 mm。体高腿长，颈背部有长而蓬松的鬃毛。耳大，眶下腺显著，尾短被毛。被毛黑色，带灰或灰红色。四肢膝关节以下黄棕色。雌雄皆具向后弯的黑色短角。

典型林栖种类，常见于林缘、灌丛、针叶林和混交林，活动于崎岖陡峭多岩石地带。通常冬天在森林带，夏天转移到高海拔的峭壁区。晨昏活动，独居，采食多种植物的叶和幼苗。9~10 月交配，翌年 5~6 月产仔。中国有 6 亚种，其中分布于陕西的为川西亚种（*N. sumatraensis milneedwardsi*），见于秦岭北坡的周至、太白，南坡的山地森林。国家II级重点保护野生动物。

斑羚 *Naemorhedus caudatus*

（Sichuan Goral，麻羊，青羊）
偶蹄目 Artiodactyla
牛科 Bovidae
斑羚属 *Naemorhedus*

体长 880~1200 mm。尾长 110~200 mm。形似山羊但颏下无须，鬃毛甚短。被毛深褐色、淡黄色或灰色，表面覆盖少许黑毛，头顶具短的深色冠毛和一条清晰的粗背纹；喉斑白色具红褐色边缘。四肢色浅与体色对比鲜明。尾较短，具丛毛。雌雄皆具短而直的黑色角。眶下腺小，泪骨不具深窝。

栖息于森林、崎岖峭壁、灌丛和草甸。晨昏活动频繁，单只或结小群，以植物叶、嫩芽、果实和种子为食。9~10 月交配，翌年 4~6 月产仔，每胎 1 仔。秦岭各地均有分布。国家Ⅱ级重点保护野生动物。

林麝 *Moschus berezovskii*

（Forest Musk Deer，香獐）
偶蹄目 Artiodactyla
麝科 Moschidae
麝属 *Moschus*

雌

体长 700~850 mm，尾长 40 mm。雌雄皆无角，雄性具发达的獠牙。头短小，耳长而直立，四肢细长，后肢长于前肢，臀高于肩。通体呈橄榄褐色，上下颌白色，颈至胸具两排白色纵纹。四肢前面灰棕，后缘几呈黑褐或黑色。

典型林栖麝种。主要栖息于海拔 3200 m 以下的阔叶林、针阔混交林、灌丛等多岩区。营独居生活，善攀爬跳跃，白天隐伏，晨昏活动。领域性很强，有固定的活动路线。喜食苔藓、松萝、嫩草、嫩枝叶和幼芽等植物。10 月至翌年 3 月交配，4~6 月产仔，每胎 1~3 仔。陕西见于秦岭南北坡。国家Ⅰ级重点保护野生动物。

红白鼯鼠

Petaurista alborufus

（Red and White Flying Squirrel，飞鼠）
啮齿目 Rodentia
松鼠科 Sciuridae
鼯鼠属 *Petaurista*

体长 500~600 mm，尾长约 400 mm。前后肢间有皮膜相连。头白色，眼眶赤栗色；颏、喉上部、颈两侧及胸均为白色；背毛棕栗色，腹面淡橙赤褐色，尾基部约 1/4 橙赤褐色，远端至尾尖变为深栗色；前后足均为赤色，足趾黑色。

栖息于山区森林或石灰岩隐蔽处。树栖，夜行性，以坚果和其他果实为食。每年繁殖 1 次，每胎 1~3 仔。陕西见于秦岭南坡海拔 800~1900 m 的落叶阔叶林和针阔混交林。

小飞鼠 *Pteromys volans*

（Siberian Flying Squirrel，飞虎）
啮齿目 Rodentia
松鼠科 Sciuridae
飞鼠属 *Pteromys*

体长 156~198 mm，尾长 100~120 mm。前后肢间有皮膜相连。毛柔细，背毛灰土黄色，腹毛淡白到米黄色，足背面黑褐色，有狭窄的黑色眼圈；眼下方、唇、颏、四肢内侧均为污白色；尾扁，尾侧毛长，尾尖淡灰黑色。毛色有季节性变化。

常栖息于阔叶林、针阔混交林和冷杉林中。树栖，夜行性，不冬眠。以坚果和松树种子为食，有储食习性。在树洞中营巢，每年繁殖 1 次，每胎 1~4 仔。陕西见于秦岭南北坡。

隐纹松鼠

Tamiops swinhoei

（Swinhoe's Striped Tree Squirrels，豹鼠，花栗鼠）
啮齿目 Rodentia
松鼠科 Sciuridae
花松鼠属 *Tamiops*

体长 115~158 mm，尾长 85~130 mm，耳端有黑白毛簇。上唇有 1 淡色纹从吻端向后延伸，经眼下和耳下方至耳后；背部有 5 条暗纹与 4 条淡纹相间，但最外端的淡纹与眼下纹不相连。腹毛白色，微带黄色；尾侧只有一小部分毛端白色。

常栖息于山地针叶林和针阔混交林中。树栖，昼行性，常单独或成群活动。以植物性食物为生，偶吃昆虫。在树上、树根下或屋檐缝中营巢。每年春秋两季繁殖 2 次，每胎 2~5 仔。陕西见于秦岭南北坡。

岩松鼠

Sciurotamias davidianus

（Rock Squirrels，毛老鼠，扫子）
啮齿目 Rodentia
松鼠科 Sciuridae
岩松鼠属 *Sciurotamias*

中等体型，体长 185~250 mm，尾长 125~200 mm。尾蓬松，吻长，眶后突退化，头骨低平。背部橄榄灰色，腹毛浅黄白或赭石色。体侧无灰白条纹，一道暗线横过颊部，蹠部长有浓密的毛。

地栖生活，偏爱岩石地形。行动非常敏捷，在岩石缝隙里筑巢。无冬眠习性。每年繁殖 1~2 次，每胎 2~5 仔。陕西见于秦岭南北坡，火地塘常见于林边悬崖和公路两侧。中国特有种。

四川林跳鼠

Eozapus setchuanus

（Chinese Jumping Mouse，中国林跳鼠）
啮齿目 Rodentia
跳鼠科 Dipodidae
林跳鼠属 *Eozapus*

体长 70~100 mm，尾长 95~150 mm。背部黑褐色，但背面从头部沿身体两侧向臀部扩展形成鞍形区域的毛为黄褐色。腹面纯白色，尾上暗下白，尾端纯白色。足白色。上门齿无沟，后肢和后足均较长，后足长约 28 mm。

生活在高山林中溪流附近。通常挖掘或利用别的动物的弃洞作为隐蔽场所。夜行性，以浆果、种子、真菌和小型无脊椎动物为食，无储食习性。善跳跃，一次能跳约 2 m 远。有冬眠现象。陕西见于秦岭南坡，火地塘分布于海拔 2000 m 以上的灌木草甸。

苛岚绒䶄 *Caryomys inez*

（Kolan Vole，苛岚绒鼠）
啮齿目 Rodentia
仓鼠科 Cricetidae
绒䶄属 *Caryomys*

田鼠型鼠类，体型小，略肥胖，体长为 90~110 mm。尾短小，为 31~37 mm，尾被毛较密，鳞片不外露。第 3 上臼齿有四内三外凸角。头低平而较宽，耳短圆，略突出于体毛之外。四足较小。头及体背呈棕褐色，体侧棕黄色，腹毛灰棕略带丝光。尾上下两色，背面棕褐色，腹面淡棕色。足背毛淡棕或棕灰色。

栖息于中高山阔叶林缘及草地灌丛、草甸、麦田生境，多在阴坡湿度较大、灌丛丛生的林区。以种子、绿色植物和幼嫩的树皮为食。陕西见于秦岭山地，火地塘见于火地沟落叶松林缘。中国特有种。

中华姬鼠　*Apodemus draco*

（South China Field Mouse，龙姬鼠）
啮齿目 Rodentia
鼠科 Muridae
姬鼠属 *Apodemus*

体长 70~130 mm。尾端具毛，尾长略长于体长。耳壳大，向前折可至眼，平均耳长 16 mm。头骨吻部较长，上门齿内侧无缺刻。体背呈暗黄褐或暗褐色。耳壳颜色较体背为深，呈黄褐色或黑褐色。颊部和体侧毛色较体背略浅，呈黄褐或棕褐色，与体背无明显界限。腹部与四肢内侧为灰白色，腹部与体侧毛色界限明显。尾二色，上面暗褐色，下面灰白色，足背污白色。

栖息于海拔 800~3500 m 的阔叶林、针阔混交林、灌丛中。喜湿性种类，夜间活动。以种子和绿色植物为食。繁殖季节在 6~9 月，每胎 2~4 仔。陕西广布于秦岭、巴山。火地塘见于火地沟落叶松林。

秦岭鼢鼠　*Myospalax rufescens*

（Qinling Zokors，瞎狯）
啮齿目 Rodentia
鼹形鼠科 Spalacidae
鼢鼠属 *Myospalax*

体型粗壮，体长在 185 mm 以上，吻钝，眼不发达，耳壳退化为环绕耳孔的皮肤皱褶。尾短小，在 40 mm 以上，且被浓密的短毛。额部绝无白斑。前肢相对较发达，特别是前足爪甚发达。体被毛暗褐灰色，体毛毛基石板灰色，毛尖暗褐色，腹毛较背毛浅淡。鼻垫上缘及唇周污白色。尾及后足背灰褐色。

栖息于海拔 1400 m 以上的阔叶林、针阔混交林、林间草灌、高山草甸、荒坡草灌和农田生境。终年营地下生活。洞道结构复杂，唯该鼢鼠栖息环境土质比较疏松，所打觅食洞多不见土丘形成。食性较广，喜食植物幼嫩、肥大多汁的块根、块茎，杂草和树根。陕西广布于秦岭山地及陇山地区，火地塘见于平和梁落叶松林。

马来豪猪

Hystrix brachyura

（Short-tailed Porcupines，刺猪，箭猪）
啮齿目 Rodentia
豪猪科 Hystricidae
豪猪属 *Hystrix*

身体肥壮，体长 650 mm 左右。全身毛呈黑色至黑褐色，有时混杂灰白色短毛。头圆耳小，自肩部以后直达尾部密布长棘刺，背部棘刺可达 200 mm 长，臀部的棘刺密集。刺的颜色黑白相间，粗细不等。额到背中央有一白色纵纹，颈下有一弧形白纹。

栖息于海拔 800~1500 m 的低山森林茂密处。穴居，常以天然石洞居住，也自行打洞。夜行性，活动路线较固定。受惊时，尾部的刺立即竖起，刷刷作响以警告敌人。以植物根、茎为食，尤喜盗食山区的玉米、薯类、花生、瓜果蔬菜等。秋季、冬季交配，翌春产仔，每胎产 2~4 只。陕西见于秦岭南北坡。

草兔

Lepus capensis

（Cape Hare，野兔）
兔形目 Lagomorpha
兔科 Leporidae
兔属 *Lepus*

体长 400~590 mm，尾长 72~110 mm。体色变化较大，由沙黄至暗黄。尾宽，上有黑色条斑，尾侧和下面全白色。腹部白色，耳尖黑色。

栖息于草原和森林草甸（从不在纯粹的森林），喜欢在高草或灌丛中隐藏。夜间活动，不挖洞，循固定路线觅食。喜觅食禾本科植物枝叶和根。每年繁殖 2~3 次，每胎产 2~6 只。陕西见于秦岭南北坡、关中、陕北和巴山地区。

黄河鼠兔 *Ochotona huangensis*

（Tsing-Ling Pika）
兔形目 Lagomorpha
鼠兔科 Ochotonidae
鼠兔属 *Ochotona*

体型较小，体长 125~176 mm。夏季毛被暗棕色或栗色，背部有明显的黑色调。喉颏为很淡的米黄色，形成一条短的淡黄色中线延伸到胸下部。耳缘白色，腹毛黄褐色或淡赭色。冬季毛被多半浅灰色。

栖息于山地针阔叶混交林、桦树林和灌木草甸。广义草食性。营筑复杂的洞穴。陕西见于秦岭南北坡。中国特有种。

鸟 类
野外识别

白鹭 *Egretta garzetta*

（Little Egret，小白鹭，白鹤）
鹈形目 Pelecaniformes
鹭科 Ardeidae
白鹭属 *Egretta*

体长 600 mm 左右。体羽纯白，颈背具细长饰羽，背及胸具蓑状羽。眼先裸出部分夏季粉红色，秋季黄绿色。颈、喙、腿较长，虹膜黄色，喙黑色，胫、跗黑绿色，趾黄色。

栖息于平原、丘陵，喜稻田、河岸、沙滩、泥滩。成散群进食，常与其他种类混群，与其他水鸟一道集群营巢。常于繁殖巢群中发出呱呱叫声，其余时候寂静无声。繁殖期3~7月，每窝产卵3~6枚。陕西广泛分布于汉江、丹江、渭河流域及低山河谷沿岸和稻田中。夏候鸟，少数为留鸟。

朱鹮 *Nipponia nippon*

（Crested Ibis，红鹤，朱鹭）
鹈形目 Pelecaniformes
鹮科 Threskiornithidae
朱鹮属 *Nipponia*

体长 550 mm 左右。全身白色，渲染有粉红色，腋下与两翼为淡红色。颈后饰羽长，为白色或灰色（繁殖期）。脸朱红色，喙长而下弯。幼鸟体羽似雌鸟，为灰色。虹膜黄色，喙黑色而端红色，跗蹠绯红。

栖息在水田、沼泽、山溪附近的高大乔木上，常在农作区及自然沼泽区取食。在青冈栎、马尾松树上结群营巢，叫声为粗哑的咕哝声。以小鱼、虾、蛙及昆虫为食。繁殖期为3~6月，每窝产卵1~4枚。见于秦岭洋县及周边县区，引种至楼观台、宁陕寨沟等地。留鸟。国家Ⅰ级保护野生动物。

赤麻鸭 *Tadorna ferruginea*

（Ruddy Shelduck，黄鸭）
雁形目 Anseriformes
鸭科 Anatidae
麻鸭属 *Tadorna*

体长 630 mm 左右。头皮黄，外形似雁。全身赤黄褐色，飞行时白色的翅上覆羽及铜绿色翼镜明显可见。雄鸟夏季有狭窄的黑色领圈。虹膜褐色，喙和跗蹠黑色。

栖息于沼泽、湖泊及河流。叫声似 aakh 的啭音低鸣，有时为重复的 pok-pok-pok-pok。主要以水生植物、农作物幼苗、谷物等为食，也吃昆虫、虾、蛙鱼等。每窝产卵 6~12 枚。陕西见于汉江、渭河流域，及神木、榆林、定边等地。冬候鸟。

环颈雉 *Phasianus colchicus*

（Common Pheasant，野鸡，雉鸡）
鸡形目 Galliformes
雉科 Phasianidae
雉属 *Phasianus*

体长 850 mm 左右，雄鸟羽色华丽，满身点缀着墨绿色、铜色、金色的羽毛，头部具黑色光泽，有显眼的耳羽簇，宽大的眼周裸皮鲜红色。有些亚种颈部有白色颈圈，与金属绿的颈形成显著的对比，两翼灰色，长的尾羽为褐色并带黑色横纹。雌鸟形小（600 mm）而色暗淡，周身密布浅褐色斑纹。虹膜黄色，喙角质色，跗蹠略灰。

栖于不同高度的开阔林地、灌木丛、半荒漠及农耕地。雄鸟单独或成小群活动。雄鸟叫声为爆发性的噼啪两声，紧接着便用力鼓翼。以植物种子、嫩叶、浆果、谷物为食。一年两窝，每窝产卵 6~22 枚。陕西见于各地。留鸟。

红腹锦鸡 *Chrysolophus pictus*

（Golden Pheasant，金鸡）
鸡形目 Galliformes
雉科 Phasianidae
锦鸡属 *Chrysolophus*

体长 980 mm 左右。雌雄异色。雄鸟体型修长，羽色华丽，头具金色丝状羽冠，枕部有金色并具黑色条纹的扇状羽，上背金属绿色，下体绯红。翼为金属蓝色，尾长而弯曲，中央尾羽近黑而具皮黄色点斑，其余部位黄褐色。雌鸟体型较小，为黄褐色，上体密布黑色带斑，下体淡皮黄色。虹膜黄色，喙绿黄，跗蹠黄色。

栖息于落叶林、常绿落叶阔叶混交林的林缘灌丛地带，喜有矮树的山坡。单独或成小群活动，雌鸟春季发出 cha-cha 的叫声。其他雌鸟应叫。雄鸟回以 gui-gui，gui 或 gui-gu，gu，gu 声。以植物嫩叶、花、果实、种子为食。4~6 月繁殖，每窝产卵 5~6 枚。陕西见于陇县与秦巴山区。留鸟。中国特有鸟类。国家II级保护野生动物。

勺鸡 *Pucrasia macrolopha*

（Koklass Pheasant，山麻鸡，呱啦鸡）
鸡形目 Galliformes
雉科 Phasianidae
勺鸡属 *Pucrasia*

体长 550 mm 左右，尾相对短。具明显的飘逸型耳羽束。雄鸟头顶及冠羽近灰，喉、宽阔的眼线、枕及耳羽束为金属绿色，颈侧白，上背皮黄色，胸、腹栗色，下体两侧与背相似，但灰色较浅淡。体羽为长的白色羽毛上具黑色矛状纹。雌鸟体型较小，具冠羽但无长的耳羽束，体羽图纹与雄鸟同。虹膜褐色，喙近褐色，跗蹠紫灰色。

栖息于海波 1500~ 2400 m 的针阔叶混交林和针叶林中，喜开阔的多岩林地，常为松林及杜鹃林。常单独或成对活动，遇警情时深伏不动，不易被赶，叫声为响亮、震耳的粗犷叫声 khwa-kha-kaak 或 kok-kok-kok-ko-kras。以植物为食。3~6 月繁殖，每窝产卵 8 枚。陕西见于周至、太白、宁陕、佛坪、洋县、旬阳等秦巴山区。留鸟。国家II级保护野生动物。

血雉 *Ithaginis cruentus*

（Blood Pheasant，太白鸡，松花鸡）
鸡形目 Galliformes
雉科 Phasianidae
血雉属 *Ithaginis*

雄
雄

体长 460 mm 左右，似鹑类，具矛状长羽，冠羽蓬松，脸猩红，翼及尾沾红。头近黑，具近白色冠羽及白色细纹。上体多灰带白色细纹，下体沾绿色。胸部红色多变。雌鸟色暗且单一，胸为皮黄色。虹膜黄褐，喙近黑而带红色蜡膜，跗蹠红色。

活动于亚高山针叶林、苔原森林的地面及杜鹃灌丛，常结小群至大群活动。雄鸟常发出短促的 si-si 叫声，雌鸟为 chiu-chiur 叫声。以苔藓、地衣及禾本科植物为食。4~7 月繁殖，每窝产卵 4~8 枚。陕西见于洋县、太白、宁陕、佛坪、周至等地。留鸟。国家 II 级保护野生动物。

红腹角雉 *Tragopan temminckii*

（Temminck's Tragopan，红鸡，娃娃鸡）
鸡形目 Galliformes
雉科 Phasianidae
角雉属 *Tragopan*

雄

体长 680 mm 左右。雄鸟绯红，上体多有带黑色外缘的白色小圆点，下体带灰白色椭圆形点斑。头黑，眼后有金色条纹，脸部裸皮蓝色，具可膨胀的喉垂及肉质角。雌鸟较小，具棕色杂斑，下体有大块白色点斑。虹膜褐色，喙黑，喙尖粉红，跗蹠粉色至红色。

栖于亚高山的山地森林、灌丛、竹林等生境中，单个或家族集群活动，夜栖枝头。叫声似幼儿 wa-wa 啼哭声。以植物嫩叶、芽、果实和种子为食。4~6 月繁殖，每窝产卵 3~5 枚。陕西见于周至、太白、洋县、佛坪、宁陕、镇坪等秦巴山地。留鸟。国家 II 级保护野生动物。

灰头麦鸡

Vanellus cinereus

（Grey-headed Lapwing，跳鸻，赖鸡毛子）
鸻形目 Charadriiformes
鸻科 Charadriidae
麦鸡属 *Vanellus*

体长 350 mm 左右。头及胸灰色，上背及背褐色，翼尖、胸带及尾部横斑黑色，翼后余部、腰、尾及腹部白色。亚成鸟似成鸟但褐色较浓而无黑色胸带。虹膜褐色，喙黄色而尖端黑，跗蹠黄色。

栖于近水的开阔地带、河滩、稻田及沼泽，飞行时发出 kik 尖声。以昆虫、蠕虫、草籽、植物嫩芽和叶为食。于河边沙丘繁殖，护巢性强，每窝产卵 2~4 枚。陕西见于西安、周至、渭南、宁陕、洋县等地。夏候鸟。

金眶鸻

Charadrius dubius

（Little Ringed Plover，黑领鸻，金背子）
鸻形目 Charadriiformes
鸻科 Charadriidae
鸻属 *Charadrius*

体长 160 mm 左右。喙短，眼眶黄色，前额白，上体灰色，下体白色。成鸟黑色部分在亚成鸟为褐色。飞行时翼上无白色横纹。虹膜褐色，喙灰色，跗蹠黄色。

通常出现在河流的沙洲，也见于沼泽地带。飞行时发出清晰而柔和的拖长降调哨音 pee-oo。以昆虫、小型甲壳类动物为食。每窝产卵 3~4 枚。陕西见于陕南、关中的河滩地带。夏候鸟。

珠颈斑鸠

Streptopelia chinensis

（Spotted Dove，珍珠鸽，花斑鸠）
鸽形目 Columbiformes
鸠鸽科 Columbidae
斑鸠属 *Streptopelia*

体长 300 mm 左右。明显特征为颈侧满是白点的黑色块斑。尾略显长，外侧尾羽前端的白色甚宽，飞羽较体羽色深，喉、胸、腹羽均呈葡萄红色。虹膜橘黄，喙黑色，跗蹠红色。

栖于丘陵、山地树林和多树的平原郊野、农田附近，常成对立于开阔路面。叫声轻柔悦耳，为 ter-kuk-kurr 音反复重复，最后一音加重。地面取食，以植物种子、果实为食。3~7 月繁殖，每窝产卵 2 枚。陕西见于陕南、陕北及关中地区。留鸟。

山斑鸠

Streptopelia orientalis

（Oriental Turtle Dove，斑鸠，金背鸠）
鸽形目 Columbiformes
鸠鸽科 Columbidae
斑鸠属 *Streptopelia*

体长 320 mm 左右。雌雄鸟羽相似。颈侧有带明显黑色、灰色条纹的块状斑。上背具深色扇贝斑纹体羽，羽缘棕色；下背及腰部蓝灰色，尾羽近黑色，尾梢浅灰，下体多偏粉色。与灰斑鸠区别在体型较大。虹膜黄色，喙灰色，跗蹠粉红。

栖息于低山丘陵、平原和山地阔叶林、针阔叶混交林。常成对活动，冬季成群。叫声为悦耳的 kroo kroo-kroo kroo。取食于地面，以植物果实、种子、嫩叶、幼芽为食。4~7 月繁殖，每窝产卵 2 枚。陕西全省均有分布，以秦岭浅山地区为多。留鸟。

灰斑鸠

Streptopelia decaocto

（Eurasian Collared Dove，斑鸠，野鸽子）

鸽形目 Columbiformes

鸠鸽科 Columbidae

斑鸠属 *Streptopelia*

体长 320 mm 左右。明显特征为后颈具半环状黑色领圈，上下缘缀灰色。上体的背、肩、腰、尾上覆羽均呈灰褐葡萄红色，飞羽黑褐色。虹膜褐色，喙灰色，跗蹠粉红。

栖于平原或山丘附近的树林间。叫声响亮，为三音节 coo-cooh-coo 声，重音在第二音节。以植物果实、种子为食。4~8 月繁殖，每窝产卵 2 枚。陕西见于陕北及秦巴山地。留鸟。

火斑鸠

Streptopelia tranquebarica

（Red Turtle Dove，红鸠，小姑姑）

鸽形目 Columbiformes

鸠鸽科 Columbidae

斑鸠属 *Streptopelia*

体长 230 mm 左右。特征为颈部的半环黑色领圈前端白色。雄鸟头部偏灰，下体偏粉，翼覆羽棕黄。初级飞羽近黑，青灰色的尾羽羽缘及外侧尾端白色。雌鸟色较浅且暗，头暗棕色，体羽红色较少。虹膜褐色，喙灰色，跗蹠红色。

栖息于农田附近的树林中，常结小群活动，在地面急切地边走边找食物。叫声为深沉的 cru-u-u-u-u 声，重复数次，重音在第一音节。以植物种子为食。2~8 月繁殖，每窝产卵 2 枚。陕西见于秦巴山区、关中平原各地。留鸟。

黑耳鸢 *Milvus lineatus*

（Black-eared Kite，鸢，饿老刁）
鹰形目 Accipitriformes
鹰科 Accipitridae
鸢属 *Milvus*

体长 650 mm 左右。雌雄羽色相似。体背面暗褐色，体腹面棕褐色有黑斑。尾略显分叉，飞行时翅下左右各具有一白斑，特别明显。耳羽黑色，虹膜褐色，喙灰色，蜡膜蓝灰，跗蹠灰色。

栖息于山区、城郊附近，喜开阔的乡村、城镇及村庄。常单独长时间翱翔，且飞且发出 ewe-wir-r-r-r-r 尖厉嘶叫声。以鼠类、兔、蛙和鱼类为食。4~5 月繁殖，每窝产卵 2~3 枚。陕西见于各地。留鸟。国家 II 级保护野生动物。

普通鵟 *Buteo buteo*

（Commen Buzzard，鸽虎，土豹）
鹰形目 Accipitriformes
鹰科 Accipitridae
鵟属 *Buteo*

体长 550 mm 左右。脸侧皮黄具近红色细纹，栗色髭纹显著。上体深红褐色，下体偏白，上具棕色纵纹，两胁及大腿沾染棕色。尾近端处常具黑色横纹。初级飞羽基部具特征性白色块斑，飞行时两翼宽而圆，在高空翱翔时两翼略呈“V”形。虹膜黄色至褐色，喙灰色而尖端黑，蜡膜黄色，跗蹠黄色。

栖息于阔叶林、混交林、针叶林等山地森林和林缘地带。多在白天单独活动，飞行时常停在空中振羽，叫声响亮，为 peeioo 咪叫声。以各种鼠类为食。5~7 月繁殖，每窝产卵 2~3 枚。陕西见于石泉、宁陕、凤县、关中地区、陕北等地。旅鸟或冬候鸟。国家 II 级保护野生动物。

赤腹鹰 *Accipiter soloensis*

（Chinese Sparrowhawk，鹞子，鸽子鹰）
隼形目 Falconiformes
隼科 Falconidae
鹰属 *Accipiter*

体长 300 mm 左右。上体及两翅淡蓝灰色，下体白色，胸及两胁略沾粉色，两胁具浅灰色横纹。喉乳白色，背部羽尖略具白色，外侧尾羽具不明显黑色横斑，腿上也略具横纹。雌鸟与雄鸟羽色相似，但羽色较暗，胸及腹部灰色具暗色横带。亚成鸟胸部及腹部布满褐色矛状斑。虹膜红或褐色，喙灰色且喙端黑色，蜡膜橘黄，跗蹠橘黄。

栖息于开阔的山麓、疏林、河谷地带。繁殖期发出一连串快速而尖厉的带鼻音笛声，音调下降。常追逐小鸟，也吃鼠类和昆虫。每窝产卵 2~5 枚。陕西见于陕南和秦岭北麓。留鸟。国家Ⅱ级保护野生动物。

雄

红隼 *Falco tinnunculus*

（Common Kestrel，红鹞子，茶隼）
隼形目 Falconiformes
隼科 Falconidae
隼属 *Falco*

体长 330 mm 左右。雄鸟头顶及颈背灰色，尾蓝灰无横斑，上体赤褐略具黑色横斑，下体皮黄而具黑色纵纹。雌鸟体型略大，上体全褐，比雄鸟少赤褐色而多粗横斑。亚成鸟似雌鸟，但纵纹较重。虹膜褐色，喙灰而尖端黑，蜡膜黄色，跗蹠黄色。

雌

栖息于开阔的山麓、疏林、河谷地带，喜开阔原野，常停栖在柱子或枯树上。多白天单独或雌雄成对活动，常懒懒地盘旋或斯文不动地停在空中。多从地面捕捉猎物，以昆虫、鼠类和小型鸟类为食。5~7 月繁殖，每窝产卵 4~6 枚。陕西见于各地。留鸟。国家Ⅱ级保护野生动物。

斑头鸺鹠 *Glaucidium cuculoides*

（Asian Barred Owlet，猫头鹰，鸱鸮子）
鸮形目 Strigiformes
鸱鸮科 Strigidae
鸺鹠属 *Glaucidium*

体长 240 mm 左右。无耳羽簇，喉部有一显著的白色斑块。上体棕栗色而具赭色横斑，沿肩部有一道白色线条将上体断开。下体褐色，具赭色横斑。虹膜黄褐，喙偏绿而尖端黄，趾绿黄，爪黑色。

栖息于山地、丘陵及平原村落附近的阔叶林中。常单独或成对活动，夜行性，有时白天也活动，多在夜间和清晨鸣叫。主要捕食各种昆虫及其幼虫，也吃鼠类、蛙、蜥蜴等。6~7 月繁殖，每窝产卵 3~5 枚。陕西见于汉中、汉阴、西乡、宁陕、镇巴、平利等地。留鸟。国家 II 级保护野生动物。

纵纹腹小鸮 *Athene noctua*

（Little Owl，小鸮）
鸮形目 Strigiformes
鸱鸮科 Strigidae
小鸮属 *Athene*

体长 230 mm 左右。头顶平，面盘和翎领不显著，没有耳羽簇。眼的上方有两道白色眉纹，在前额连成“V”形。上体褐色，具白色纵纹及点斑。下体白色，具褐色杂斑及纵纹。肩上有两道白色或皮黄色的横斑。虹膜亮黄色，喙角质黄色，跗蹠和趾均被白色羽毛，爪黑褐色。

栖息于低山丘陵和平原及较开阔的林缘地带。昼行性，常立于篱笆及电线上。日夜作占域叫声，为拖长的上升 goooek 声。食物以鼠类和昆虫为主。4~7 月繁殖，每窝产卵 3~5 枚。陕西广泛分布。留鸟。国家 II 级保护野生动物。

成体

灰林鸮　*Strix nivicolum*

（Himalayan Owl，猫头鹰）
鸮形目 Strigiformes
鸱鸮科 Strigidae
林鸮属 *Strix*

体长 430 mm 左右。头圆，无耳羽簇，面盘明显。上体羽色大多黑褐色而具橙棕色横斑及斑点，下体橙棕色，各羽均具复杂的纵纹及横斑。初级飞羽黑褐色，有不明显的浅褐色横斑及斑点。虹膜深褐，喙黄色，跗蹠黄色。

幼体

栖息于海拔 2500 m 以下的山地阔叶林和混交林中，特别喜欢在河岸和沟谷地带的栎林或针叶林中栖息。单独或成对活动，夜行性，叫声为非常响亮浑厚的 hu-hu 声。以鼠类为食，也吃小鸟、蛙和昆虫。陕西见于宁陕、南郑等地。留鸟。国家 II 级保护野生动物。

雄

普通夜鹰　*Caprimulgus jotaka*

（Grey Nightjar，蚊母鸟，贴树皮）
夜鹰目 Caprimulgiformes
夜鹰科 Caprimulgidae
夜鹰属 *Caprimulgus*

体长 280 mm 左右。头及背面暗褐色，有大而长的黑色纵纹及褐色虫蠹斑。喉侧各有一大白斑。腹部灰褐色与黄白色横纹相间。尾有黑褐色横带。雄鸟外侧四对尾羽具白色斑纹而雌鸟则为皮黄色。虹膜褐色，喙偏黑，跗蹠巧克力色。

喜开阔的山区森林及灌丛。白天栖于地面或横枝，黄昏和夜间活动。叫声为生硬、尖厉而高速重复的 chuck 声。主要以夜蛾、甲虫、蚊、蚋为食。5~8 月繁殖，每窝产卵 2 枚。陕西见于太白、宁陕、佛坪、西乡、略阳等地。夏候鸟。

普通翠鸟 *Alcedo atthis*

（Common Kingfisher，钓鱼郎，翠雀儿）
佛法僧目 Coraciformes
翠鸟科 Alcedinidae
翠鸟属 *Alcedo*

雄

体长 150 mm 左右。上体金属浅蓝绿色，颈侧具白色点斑；下体橙棕色，颏白，橘黄色条带横贯眼部及耳羽。幼鸟色黯淡，具深色胸带。虹膜褐色，喙黑色（雄鸟），下颚橘黄色（雌鸟）；跗蹠红色。

栖息于低山丘陵、平原近水的树丛处，常立于岩石或探出的枝头上转头四顾寻鱼。常发出为拖长音的 tea-cher 尖叫声。主要以鱼、虾等小型水生动物为食。5~8 月繁殖，每窝产卵 5~7 枚。陕西见于汉江和渭河流域。留鸟。

冠鱼狗
Megaceryle lugubris

（Crested Kingfisher，水葱花，花鱼狗）
佛法僧目 Coraciformes
翠鸟科 Alcedinidae
大鱼狗属 *Megaceryle*

体长 410 mm 左右。冠羽发达，为黑色并缀有很多白色斑点，颊区大块的白斑延至颈侧。上体青黑并多具白色横斑和点斑。下体白色，具黑色的胸部斑纹，两胁具皮黄色横斑。雄鸟翼线白色，雌鸟黄棕色。虹膜褐色，喙黑色，跗蹠黑色。

栖息于低山或山脚平原的水域附近，常光顾流速快、多砾石的清澈河流及溪流。飞行慢而有力且不盘飞，作尖厉刺耳的 aeek 叫声。主要以鱼、虾等小型水生动物为食。每窝产卵 3~7 枚。陕西见于太白、眉县、周至、长安、汉中、洋县、西乡、宁强、佛坪。留鸟。

戴胜 *Upupa epops*

（Common Hoopoe，花和尚，臭鸪鸪）
戴胜目 Upupiformes
戴胜科 Upupidae
戴胜属 *Upupa*

体长 300 mm 左右。喙长且下弯，具长而尖黑的耸立型粉棕色丝状冠羽。头、上背、肩及下体粉棕，两翼及尾具黑白相间的条纹。虹膜褐色，喙黑色，跗蹠黑色。

栖息于低山平原和丘陵地带，喜开阔潮湿地面。性活泼，常作上下点头的演示，叫声为低柔的单音调 hoop-hoop hoop。主要以昆虫为食。4~6 月繁殖，每窝产卵 6~8 枚。陕西见于各地。夏候鸟及留鸟。

大斑啄木鸟 *Dendrocopos major*

（Great Spotted Woodpecker，花打木）
䴕形目 Piciformes
啄木鸟科 Picidae
啄木鸟属 *Dendrocopos*

体长 240 mm 左右。头顶黑色具蓝色光泽，雄鸟枕部具狭窄红色带而雌鸟为黑色。背部辉黑色，臀部红色。两翼黑色，翼缘白色。虹膜近红色，喙灰色，跗蹠灰色。

雄

栖息于山地、平原的针叶林、针阔叶混交林和阔叶林中。常单独或成对活动。錾木声响亮，并有刺耳尖叫声。取食鞘翅目、鳞翅目等昆虫及树皮下的蛴螬等幼虫。4~5 月繁殖，每窝产卵 3~8 枚。陕西见于各地的林地。留鸟。

星头啄木鸟 *Dendrocopos canicapillus*

（Grey-capped Pygmy Woodpecker，一点红打木）
䴕形目 Piciformes
啄木鸟科 Picidae
啄木鸟属 *Dendrocopos*

体长 150 mm 左右。额和头顶暗灰色，雄鸟眼后上方具深红色条纹。上背、肩和尾上覆羽黑色，杂以白斑。腹部棕黄色，杂以黑褐色条纹。虹膜淡褐，喙灰色，跗蹠绿灰色。

雄

栖息于山地或平原森林中。叫声为尖厉的 ki ki ki ki rrr…颤音。主要以昆虫为食。4~6 月繁殖，每窝产卵 1~4 枚。陕西见于眉县、周至、西乡、宁陕、佛坪等地。留鸟。

灰头绿啄木鸟 *Picus canus*

雄

（Grey-headed Woodpecker，绿打木）
䴕形目 Piciformes
啄木鸟科 Picidae
绿啄木鸟属 *Picus*

体长 270 mm 左右。枕部与尾部黑色，背和翅上覆羽橄榄绿色，下体全灰。喙相对短而钝，颊及喉灰色，眼先及狭窄的颊纹黑色。雄鸟前顶冠猩红，雌鸟顶冠灰色而无红斑。虹膜红褐，喙近灰，跗蹠蓝灰。

栖息于低山阔叶林和混交林，常单独或成对活动。怯生谨慎，常有响亮快速、持续至少 1s 的錾木声，警叫声为焦虑不安的重复 kya 声。主要以鳞翅目、鞘翅目等昆虫为食。4~6 月繁殖，每窝产卵 6~8 枚。陕西见于各地。留鸟。

雄

雄

白鹡鸰 *Motacilla alba*

（White Wagtail，马兰花，白脸点水雀）
雀形目 Passeriformes
鹡鸰科 Motacillidae
鹡鸰属 *Motacilla*

体长 180 mm 左右。上体体羽灰色，下体白，两翼及尾黑白相间。冬季头后、颈背及胸具黑色斑纹但不如繁殖期扩展。雌鸟似雄鸟但色较暗。亚成鸟灰色取代成鸟的黑色。虹膜褐色，喙及跗蹠黑色。

栖于近水的开阔地带、稻田、溪流边及道路上。飞行时呈波浪形。于地面行走取食，歇息时尾不停地上下摆动。受惊扰时飞行骤降并发出示警叫声，为清晰而生硬的 chissick 声。以蝗虫、卷叶蛾等昆虫为食。3~7 月繁殖，每窝产卵 3~5 枚。陕北、关中、陕南广泛分布。留鸟。

夏羽（雌）

非繁殖羽

灰鹡鸰 *Motacilla cinerea*

（Grey Wagtail，点水雀）
雀形目 Passeriformes
鹡鸰科 Motacillidae
鹡鸰属 *Motacilla*

体长 180 mm 左右。头与背部暗灰色具棕白色眉纹，腰黄绿色，上背灰色，下体黄色。喉部在夏季为黑色，冬季呈白色。雌鸟羽色似雄鸟，但喉部杂以灰褐色，下体色较暗淡；亚成鸟下体偏白色。虹膜褐色，喙黑褐，跗蹠粉灰。

常光顾多岩溪流并在潮湿砾石或沙地觅食，也于高山草甸上活动。飞行时发出尖声的 tzit-zee 或生硬的单音 tzit。以蝗虫、甲虫、松毛虫等昆虫为食。5~6 月繁殖，每窝产卵 4~6 枚。陕西见于定边、榆林、太白、周至、洋县、宁陕、佛坪、西乡等地，迁徙时几遍全省。陕西关中以北为夏候鸟，秦岭地区为留鸟。

树鹨 *Anthus hodgsoni*

（Olive-backed Pipit，树麻扎）
雀形目 Passeriformes
鹡鸰科 Motacillidae
鹨属 *Anthus*

体长 150 mm 左右。头部具粗显的淡黄色眉纹，喉及两胁皮黄，胸及两胁黑色纵纹浓密。上体橄榄绿色，且纵纹较少。虹膜褐色，下喙偏粉、上喙角质色，跗蹠粉红。

栖息于山区或平原的树林中，于地面营巢和觅食，受惊扰时降落于树上。飞行时发出细而哑的 tseez 叫声，休息时重复单音的短句 tsi…tsi…声。以象甲、毛虫等昆虫及杂草种子为食。6~7 月繁殖，每窝产卵 4~5 枚。遍布全省。高海拔地区繁殖，低海拔地区越冬。留鸟。

粉红胸鹨 *Anthus roseatus*

（Rosy Pipit，红胸地麻扎）
雀形目 Passeriformes
鹡鸰科 Motacillidae
鹨属 *Anthus*

体长 150 mm 左右。头、背具明显的黑褐色纵纹。尾羽暗褐具淡色缘，翼上覆羽羽色似背羽，具两条淡白色翼斑。飞羽暗褐色。上体灰褐色，胸部葡萄红色，腹部具显著的褐色纵纹。下体余部黄白色。虹膜褐色，喙黑褐色，跗蹠偏粉色。

栖息于山地林缘、灌丛、沟谷地带，在地面或灌丛中觅食。鸣声为柔弱的 seep-seep 声，炫耀飞行时为 tit-tit-tit-tit-tit teedle teedle 声。多以昆虫为食。陕西见于关中以南，太白、周至、宁陕、南郑多见。夏候鸟。

小灰山椒鸟

Pericrocotus cantonensis

（Swinhoe's Minivet，十字鸟）
雀形目 Passeriformes
鹃䴗科 Campephagidae
山椒鸟属 *Pericrocotus*

体长 180 mm 左右。前额明显白色，耳羽、头侧白色，头顶至枕沙灰色与黑色贯眼纹相连。颈背灰色较浓，腰及尾上覆羽浅皮黄色，喉、胸以下白色，胸及体侧沾灰色，通常具醒目的白色翼斑。雌鸟似雄鸟，但褐色较浓，有时无白色翼斑。虹膜褐色，喙与跗蹠均黑色。

栖息于海拔 1500 m 以下的低山落叶林及常绿林。飞行时发出金属般颤音。以昆虫为食。陕西见于秦岭南北坡。夏候鸟。

领雀嘴鹎　*Spizixos semitorques*

（Collared Finchbill，黑冠雀，绿鹦嘴鹎）
雀形目 Passeriformes
鹎科 Pycnonotidae
雀嘴鹎属 *Spizixos*

体长 230 mm 左右。厚重的喙象牙色，喙基周围近白，脸颊具白色细纹，具短羽冠。头及喉偏黑，背和飞羽暗橄榄绿色，尾羽黄绿色而尾端黑色。虹膜褐色，跗蹠偏粉色。

栖息于山区和平原森林、次生植被及灌丛中。结小群停栖于电话线或竹林。叫声悦耳，为急促响亮的哨音 ji de shi shei，ji de shi shei，shi shei。飞行中捕捉昆虫，以野果和昆虫为食。5~6 月繁殖。陕西见于汉中、洋县、西乡、佛坪、石泉、宁陕、汉阴、安康、镇安、山阳、周至等地。留鸟。

黄臀鹎 *Pycnonotus xanthorrhous*

（Brown-breasted Bulbul，黄屁股冠雀）
雀形目 Passeriformes
鹎科 Pycnonotidae
鹎属 *Pycnonotus*

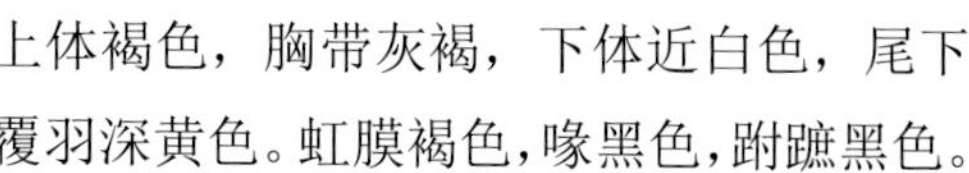

体长 200 mm 左右。顶冠及颈背黑色，耳羽褐色，喉白色。上体褐色，胸带灰褐，下体近白色，尾下覆羽深黄色。虹膜褐色，喙黑色，跗蹠黑色。

栖息于山地疏林、草地、灌丛中。典型的群栖型鹎鸟。叫声为沙哑的 brzzp 声。以野果和昆虫为食。4~7 月繁殖，每窝产卵 4 枚。陕西见于陕南。留鸟。

白头鹎 *Pycnonotus sinensis*

（Light-vented Bulbul，白头翁）
雀形目 Passeriformes
鹎科 Pycnonotidae
鹎属 *Pycnonotus*

成体

幼鸟

体长 190 mm 左右。眼后一白色宽纹伸至颈背，黑色的头顶略具羽冠，髭纹黑色，臀白。上体灰褐或暗石板灰色，翅、尾均黑褐色，羽缘黄绿色，下体白色。幼鸟头橄榄色，胸具灰色横纹。虹膜褐色，喙近黑，跗蹠黑色。

栖息于丘陵和平原疏林及灌丛中。性活泼，结群于果树上活动。有时从栖处飞行捕食，以野果和昆虫为食。叫声为典型的叽叽喳喳颤鸣及简单而无韵律的叫声。3~8 月繁殖，每窝产卵 4~5 枚。陕西见于陕南、关中地区。留鸟。

绿翅短脚鹎 *Hypsipetes mcclellandii*

（Mountain Bulbul，绿翅冠雀）
雀形目 Passeriformes
鹎科 Pycnonotidae
短脚鹎属 *Hypsipetes*

体长 240 mm 左右。羽冠短而尖，颈背及上胸棕色，喉偏白而具纵纹。头顶深褐具偏白色细纹。背、两翼及尾偏绿色。腹部及臀偏白。虹膜褐色，喙近黑，跗蹠粉红。

栖息于山地森林或溪流河畔。常集小群，有时大胆围攻猛禽及杜鹃类。鸣声为单调的三音节嘶叫声或上扬的三音节叫声，也作多种咪叫声。 杂食性，以小型果实及昆虫为食。每窝产卵 3~4 枚。陕西见于陕南。留鸟。

普通亚种 雄

指名亚种 雌

红尾伯劳 *Lanius cristatus*

（Brown Shrike，土虎伯劳，小马伯劳）
雀形目 Passeriformes
伯劳科 Laniidae
伯劳属 *Lanius*

体长 200 mm 左右。前额灰色，眉纹白色，贯眼纹黑色，头顶及上体褐色，下体皮黄色，尾暗棕色。雌鸟背、腹均有暗色不规则鳞状纹；亚成鸟似雌鸟，背及体侧具深褐色细小的鳞状斑纹。虹膜褐色，喙黑色，跗蹠灰黑。

栖息于山地疏林、草甸、灌木林。常单独站立于灌丛、电线及小树上，捕食飞行中的昆虫或猛扑地面上的昆虫和小动物。繁殖期发出 cheh-cheh-cheh 的叫声及鸣声。5~7 月繁殖，每窝产卵 4~7 枚。陕西见于定边、神木、太白、周至、西安、宁陕、西乡、洋县、佛坪等地。夏候鸟（指名亚种）或留鸟（普通亚种）。

黑卷尾

Dicrurus macrocercus

（Black Drongo，大卷尾，铁炼甲）
雀形目 Passeriformes
卷尾科 Dicruridae
卷尾属 *Dicrurus*

体长 300 mm 左右。喙小，尾长而叉深，在风中常上举成一奇特角度。通体黑色，上体和胸部具铜绿色金属光泽。亚成鸟下体下部具近白色横纹。虹膜红色，喙及跗蹠黑色。

栖息于开阔山地林缘、平原近溪处。常立在小树或电线上，叫声多变，为 hee-luu-luu, eluu-wee-weet 或 hoke-chok-wak-we-wak 声。以蝗虫、蝼蛄、椿象等昆虫为食。每窝产卵 3~4 枚。陕西见于秦巴山区。夏候鸟。

灰卷尾

Dicrurus leucophaeus

（Ashy Drongo，灰铁炼甲）
雀形目 Passeriformes
卷尾科 Dicruridae
卷尾属 *Dicrurus*

体长 270 mm 左右。额黑色，脸偏白具浅色块，尾长而深开叉。体羽蓝灰色，初级飞羽端部黑褐色。虹膜橙红，喙灰黑，跗蹠与爪黑色。

栖息于平原、山区的疏林间，成对活动。叫声清晰嘹亮，为 huur-uur-cheluu 或 wee-peet, wee-peet 声，或咪咪叫声及模仿其他鸟的叫声。常立于林间空地的裸露树枝或藤条上，俯冲捕捉飞行中的昆虫等猎物。每窝产卵 3~4 枚。陕西见于秦巴山区。夏候鸟。

发冠卷尾

Dicrurus hottentottus

（Hair-Ccrested Drongo，黑铁炼甲，黑黎鸡）
雀形目 Passeriformes
卷尾科 Dicruridae
卷尾属 *Dicrurus*

体长 320 mm 左右。头具细长羽冠，头顶、后颈和胸部羽端均具金属反光的滴状斑。通体体羽绒黑色，上体有蓝色光泽，两翅和尾黑褐色。尾长而分叉，外侧羽端钝而上翘形似竖琴。幼鸟似成鸟羽色，但大都黑褐色而缺少光泽。虹膜红或白色，喙及跗蹠黑色。

栖息于山地林间，喜森林开阔处。叫声为悦耳嘹亮的鸣声，偶有粗哑刺耳叫声。有时（尤其晨昏）聚集一起鸣唱并在空中捕捉昆虫，甚吵嚷。每窝产卵 4~5 枚。陕西见于汉中、太白、西乡、宁陕、汉阴、镇安、山阳、商南等地。夏候鸟。

灰椋鸟

Sturnus cineraceus

（White-cheeked Starling，高粱头）
雀形目 Passeriformes
椋鸟科 Sturnidae
椋鸟属 *Sturnus*

体长 240 mm 左右。头顶、后颈和颈侧黑色，前额杂以白羽；颊和耳羽污白色，杂以黑色斑。臀、外侧尾羽羽端及次级飞羽狭窄横纹为白色。体羽主要为灰褐色。雌鸟色浅而暗。虹膜偏红，喙橙红色，尖端黑色，跗蹠橙红色。

栖息于低山区，多活动于开阔地。群栖性，以蝗虫、叶甲、蝼蛄等昆虫为食。叫声单调，为 chir-chir-chay-cheet-cheet 吱吱声。5~7 月繁殖，每窝产卵 6~7 枚。陕西见于陕南及陕北的榆林、神木、定边等地。留鸟。

松鸦

Garrulus glandarius

（Eurasian Jay，山和尚，橿鸟）
雀形目 Passeriformes
鸦科 Corvidae
松鸦属 *Garrulus*

体长 350 mm 左右。特征为翼上具黑色及蓝色镶嵌图案。髭纹黑色，腰与尾上覆羽白色，通体棕褐色。飞行时两翼显得宽圆，飞行沉重。虹膜浅褐，喙灰色，跗蹠肉棕色。

栖息于落叶林地、针叶林和针阔叶混交林。叫声为粗哑短促的 ksher 声或哀怨的咪咪叫。以果实、鸟卵、尸体为食。每窝产卵 5~8 枚。广布秦巴山区。留鸟。

灰喜鹊

Cyanopica cyana

（Azure-winged Magpie，山喜鹊，长尾鹊）
雀形目 Passeriformes
鸦科 Corvidae
灰喜鹊属 *Cyanopica*

体长350 mm左右。顶冠、耳羽及后枕黑色，两翼天蓝色，尾长并呈蓝色。虹膜褐色，喙黑色，跗蹠黑色。

栖息于半山区林地、灌丛或村庄附近。性吵嚷，叫声为粗哑高声的 zhruee 或清晰的 kwee 声。飞行时振翼快，作长距离的无声滑翔。在树上、地面及树干上取食，以果实、昆虫及动物尸体为食。每窝产卵 6~7 枚。陕西见于全境各地。留鸟。

红嘴蓝鹊

Urocissa erythrorhyncha

（Red-billed Blue Magpie，长尾喜鹊，山鹊）
雀形目 Passeriformes
鸦科 Corvidae
蓝鹊属 *Urocissa*

体长 680 mm 左右。头、颈及胸黑色，顶冠白色。腹部及臀白色，飞羽褐色。尾楔形，外侧尾羽黑色而端白。虹膜红色，喙红色，跗蹠与爪红色。

栖息于山地森林中，结小群活动。性情喧闹，发出粗哑刺耳的联络叫声和其他哨音。常在地面取食，以果实、小型鸟类及卵、昆虫和动物尸体为食。5~7 月繁殖，每窝产卵 3~6 枚。陕西见于陕南，陕北的榆林、定边等地。留鸟。

星鸦

Nucifraga caryocatactes

（Spotted Nutcracker，葱花儿）
雀形目 Passeriformes
鸦科 Corvidae
星鸦属 *Nucifraga*

体长 330 mm 左右。头顶和后颈无斑而褐色较深。飞羽和尾羽黑褐色，尾下覆羽纯白色。通体淡褐色，满布白斑。虹膜深褐，喙黑色，跗蹠黑色。

栖息于高山针叶林、针阔叶混交林。单独或成对活动，偶成小群。动作斯文，飞行起伏而有节律。叫声为干哑的 kraaaak 声。以松子、昆虫为食。每窝产卵 3~4 枚。陕西见于关中、陕南。留鸟。

喜鹊 *Pica pica*

（Common Magpie，鸦鹊）
雀形目 Passeriformes
鸦科 Corvidae
鹊属 *Pica*

体长 450 mm 左右。头和颈黑色，带金属光泽。背、前胸黑色，肩、腰和腹部白色。两翼及尾黑色并具蓝色光泽。虹膜褐色，喙黑色，跗蹠黑色。

栖息于山地、平原村落附近。结小群活动，叫声为响亮粗哑的嘎嘎声。适应性强，多从地面取食，以昆虫、种子、浆果、雏鸟等为食。3~5 月繁殖，每窝产卵 3~6 枚。陕西全境都有分布。留鸟。

白颈鸦

Corvus torquatus

（Collared Crow，白脖老鸹，白脖鸦）
雀形目 Passeriformes
鸦科 Corvidae
鸦属 *Corvus*

体长 540 mm 左右。喙粗厚，颈背及胸白色，形成一白色项圈，其余体羽黑色。虹膜深褐色，喙黑色，跗蹠黑色。

栖于平原、耕地、河滩、城镇及村庄。有时与大嘴乌鸦混群出现。叫声响亮，常为重复的 kaaarr 声。主要以植物种子为食。每窝产卵 3~7 枚。陕西见于秦巴山区。留鸟。

小嘴乌鸦

Corvus corone

（Carrion Crow，细嘴乌鸦）
雀形目 Passeriformes
鸦科 Corvidae
鸦属 *Corvus*

体长 500 mm 左右。体羽纯黑色。喙基部被黑色羽，与大嘴乌鸦的区别在额弓较低，喙虽强劲但形显细。虹膜褐色，喙黑色，跗蹠黑色。

栖息于低山、平原及村庄附近。喜结大群，常发出粗哑的嘎嘎叫声 kraa。取食于矮草地及农耕地，杂食性，以种子和昆虫为主要食物。每窝产卵 3~5 枚。陕西见于秦岭南北坡。留鸟。

大嘴乌鸦

Corvus macrorhynchos

（Large-billed Crow，老鸹）
雀形目 Passeriformes
鸦科 Corvidae
鸦属 *Corvus*

体长 500 mm 左右。通体黑色。喙甚粗厚，喙基部被黑色羽，前额突出，头顶更显拱圆形。虹膜褐色，喙黑色，跗蹠黑色。

栖息于山区、平原及村庄附近。成对生活，叫声为粗哑的喉音 kaw 及高音的 awa, awa, awa 声。杂食性，以昆虫、种子为主。每窝产卵 3~5 枚。陕西见于秦岭南北坡。留鸟。

褐河乌

Cinclus pallasii

（Brown Dipper，水老鸹）
雀形目 Passeriformes
河乌科 Cinclidae
河乌属 *Cinclus*

体长 210 mm 左右。体羽纯黑褐色，有时眼上的白色小块斑明显。虹膜褐色，喙深褐，跗蹠、爪深褐色。

常栖息于山区溪流附近，常站立于石头上，头常点动，翘尾并偶尔抽动。可以在水面游泳，或潜入水中似小鸊鷉。叫声为尖厉的 dzchit，dzchit 声。以水生昆虫、甲壳类为食。每窝产卵 4~6 枚。陕西遍布秦岭南北坡。留鸟。

鹪鹩

Troglodytes troglodytes

（Eurasian Wren，偷盐雀）
雀形目 Passeriformes
鹪鹩科 Troglodytidae
鹪鹩属 *Troglodytes*

体长 90 mm 左右。雌雄羽色相似。喙细，额、头顶、后颈及体羽赤褐色，具狭窄黑色横斑。眉纹模糊，呈皮黄色。尾短小，尾上黑色横斑较粗。虹膜褐色，喙褐色，跗蹠褐色。

夏季栖息于高山森林，冬季下移至低山丘陵或平原树丛中。站立时尾不停地轻弹而上翘；飞行低，仅振翅作短距离飞行；冬季在缝隙内紧挤而群栖。飞行时发出细而哑的 tseez 叫声，在地面或树上休息时重复单音的短句 tsi…tsi…鸣声。以蝗虫、叶甲等昆虫为食。每窝产卵 4~6 枚。陕西见于太白山、周至、宁陕、长安、略阳。留鸟。

棕胸岩鹨

Prunella strophiata

（Rufous-breasted Accentor，地麻雀）
雀形目 Passeriformes
岩鹨科 Prunellidae
岩鹨属 *Prunella*

体长 160 mm 左右。雌雄羽色相似。眼先上具狭窄白线，至眼后转为黄褐色眉纹。上体棕褐色，密布黑色条纹；下体白色而带黑色纵纹，仅胸带黄褐色。翅、尾羽暗褐色，虹膜浅褐，喙黑色，跗蹠暗橘黄色。

栖息于高海拔的森林及林线以上的灌丛。叫声为高音的 tirr-r-rit 吱叫声。主要以昆虫为食。每窝产卵 3~4 枚。陕西见于北坡太白山、南坡宁陕、留坝县。留鸟。

紫啸鸫

Myophonus caeruleus

（Blue Whistling-Thrush，山鸣鸡）
雀形目 Passeriformes
鸫科 Turdidae
啸鸫属 *Myophonus*

体长 320 mm 左右。雌雄羽色相似。通体蓝黑色，仅翼覆羽具少量的浅色点斑。翼及尾沾紫色闪辉，头及颈部的羽尖具闪光小羽片。虹膜褐色，嘴黄色或黑色，跗蹠黑色。

栖息于山坡林缘灌丛或小树上，喜临河流、溪流或密林中的多岩石露出处。能够模仿其他鸟的叫声，及发出笛音鸣声。地面取食，以昆虫为主。每窝产卵 3~4 枚。陕西见于秦巴山区。夏候鸟。

怀氏地鸫 *Zoothera aurea*

（White's Thrush，顿鸡，虎斑地鸫）
雀形目 Passeriformes
鸫科 Turdidae
地鸫属 *Zoothera*

体长 280 mm 左右。雌雄羽色相似。上体褐色，下体白色，各羽缘具新月形黑端斑和金皮黄色次端斑，使其通体满布鳞状斑纹。翅黑褐色，虹膜褐色，喙深褐，跗蹠带粉色。

栖息于灌木林或茂密森林，喜在地面取食。叫声为轻柔而单调的哨音及短促单薄的 tzeet 声。主要以昆虫为食。每窝产卵 4~5 枚。陕西见于周至、汉中、宁陕、西乡。旅鸟。

乌鸫 *Turdus merula*

（Common Blackbird，黑洋雀，黑穿草鸡）
雀形目 Passeriformes
鸫科 Turdidae
鸫属 *Turdus*

育雏

体长 290 mm 左右。雄鸟全黑色，喙橘黄，眼圈略浅，跗蹠黑。雌鸟上体黑褐，下体深褐，喙暗绿黄色至黑色。虹膜褐色，跗蹠褐色。

栖息于丘陵、低山和平原。鸣声甜美，飞行时发出 dzeeb 的叫声。喜在潮湿、落叶比较丰富的阔叶林下取食，以无脊椎动物、蠕虫、果实及浆果为主。每窝产卵 3~5 枚。陕西见于陕南、关中。留鸟。

幼体

雄

雄

灰头鸫

Turdus rubrocanus

（Chestnut Thrush，灰头穿草鸡）
雀形目 Passeriformes
鸫科 Turdidae
鸫属 *Turdus*

体长 250 mm 左右。头及颈灰色，两翼及尾黑色，身体多栗色。尾下覆羽黑色且羽端白色，眼圈黄色。虹膜褐色，喙黄色，跗蹠黄色。

栖息于林缘、沟谷灌丛及高山草甸中。一般单独或成对活动，但冬季结小群。鸣声优美，叫声为生硬的 chook-chook 声及快速不连贯的 sit-sit-sit 声。常于地面取食，食物以昆虫为主。陕西见于秦岭的太白山、宁陕、安康。留鸟。

雄

亚成体

北红尾鸲

Phoenicurus auroreus

（Daurian Redstart，黄尾鸲）
雀形目 Passeriformes
鹟科 Muscicapidae
红尾鸲属 *Phoenicurus*

体长 150 mm 左右。具明显而宽大的白色翼斑。雄鸟眼先、头侧、喉、上背及两翼褐黑，仅翼斑白色；头顶及颈背灰色而具银色边缘；体羽余部栗褐，中央尾羽深黑褐。雌鸟褐色，白色翼斑显著，眼圈及尾皮黄色似雄鸟，但色较黯淡。虹膜褐色，喙黑色，跗蹠黑色。

夏季栖于亚高山森林、灌木丛及林间空地，冬季栖于低地落叶矮树丛及耕地。常立于突出的栖处，尾颤动不停。鸣声为一连串欢快的哨音。以昆虫、杂草种子和浆果为食。5~7 月繁殖，每窝产卵 4~5 枚。陕西见于全境，主要分布于秦岭地区。留鸟。

蓝额红尾鸲

Phoenicurus frontalis

雄

（Blue-fronted Redstart，蓝头火燕）
雀形目 Passeriformes
鹟科 Muscicapidae
红尾鸲属 *Phoenicurus*

体长 160 mm 左右。雄鸟头、胸、颈背及上背深蓝色，额及短的眉纹钴蓝色。两翼黑褐，羽缘褐色及皮黄色，无翼上白斑。腹部、臀、背及尾上覆羽橙褐色。雌鸟褐色，眼圈皮黄，尾端色深。虹膜褐色，喙黑色，跗蹠黑色。

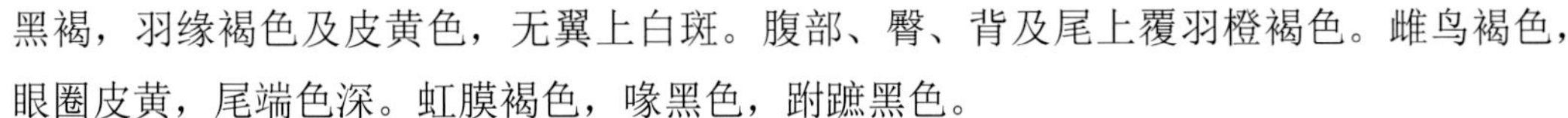

栖息活动于山地灌丛、草地或沟谷中。一般多单独活动，迁徙时结小群。尾上下抽动而不颤动。叫声为单音的 tic 声，鸣声为一连串甜润的颤音及粗喘声。主要以昆虫为食，常从栖处猛扑昆虫。陕西见于秦岭太白山、留坝、汉中、宁陕等地。留鸟。

红尾水鸲

Rhyacornis fuliginosa

雄

雌

（Plumbeous Water-Redstart，铅色水鸫，点水雀）
雀形目 Passeriformes
鹟科 Muscicapidae
水鸲属 *Rhyacornis*

体长 140 mm 左右。雄雌异色。雄鸟腰、臀及尾栗褐色，其余部位深青石蓝色。雌鸟上体灰色，眼圈色浅；下体白色，灰色羽缘成鳞状斑纹，臀、腰及外侧尾羽基部白色，尾余部黑色；两翼黑色，覆羽及三级飞羽羽端具狭窄白色。幼鸟上体灰色，具白色点斑。虹膜深褐，喙黑色，跗蹠褐色。

栖息于山区的河谷、溪边，常停栖于水中砾石。单独或成对，尾常摆动，领域性强，但常与河乌、溪鸲或燕尾混群。叫声为尖哨音 ziet，ziet，鸣声为快捷短促的金属般碰撞声 streee-treee-tree-treeeh。以昆虫为食。每窝产卵 4 枚。陕西遍布秦巴山区。留鸟。

雄

亚成体

白背矶鸫 *Monticola saxatilis*

（Rufous-tailed Rock-Thrush）
雀形目 Passeriformes
鹟科 Muscicapidae
矶鸫属 *Monticola*

体长 190 mm 左右。夏季雄鸟额至头顶及胸蓝色，背部白色。翼偏褐色，尾栗色，中央尾羽蓝色。冬季雄鸟体羽黑色，羽缘白色成扇贝形斑纹。雌鸟上体具浅色点斑。亚成鸟似雌鸟，但色较浅，杂斑较多。虹膜深褐，喙深褐，跗蹠褐色。

栖息于河流、小溪岸边的岩石或树丛中。单独或成对活动，有时与其他鸟混群。叫声为清晰的 diu a chak 及似伯劳的轻柔串音 ks-chrrr 声。主要捕食昆虫。每窝产卵 4~6 枚。繁殖鸟。注：2011 年 8 月发现亚成体于火地塘林场场部。

方尾鹟

Culicicapa ceylonensis

（Grey-headed Canary-Flycat，灰头雀）
雀形目 Passeriformes
仙鹟科 Stenostiridae
方尾鹟属 *Culicicapa*

体长 130 mm 左右。头偏灰，略具冠羽，喉、胸灰色，上体橄榄绿色，下体黄色。翅、尾黑灰色，虹膜褐色，上喙黑色、下喙角质色，跗蹠黄褐色。

栖息于山地针阔叶混交林、灌丛中，多栖于森林的底层或中层，常与其他鸟混群。鸣声为清晰甜美的 chic…, chiree-chilee 哨音。性情喧闹活跃，在树枝间不停捕食及追逐过往昆虫。常将尾扇开。陕西见于秦巴山区各地。夏候鸟。

山噪鹛

Garrulax davidi

(Plain Laughingthrush，黑老婆)
雀形目 Passeriformes
噪鹛科 Leiothrichidae
噪鹛属 *Garrulax*

体长 290 mm 左右。喙下弯，具明显的浅色眉纹，颏近黑。上体全灰褐，下体较淡。虹膜褐色，喙亮黄色，喙端偏绿，跗蹠浅褐色。

栖息于山地的灌木丛、矮树丛中，喜结小群活动。鸣声为响亮而快速重复的一连串短促音。以昆虫及植物种子为食。每窝产卵 3~6 枚。陕西见于陕南及关中北部。留鸟。

橙翅噪鹛

Garrulax elliotii

(Elliot's Laughingthrush，金眼画眉)
雀形目 Passeriformes
噪鹛科 Leiothrichidae
噪鹛属 *Garrulax*

体长 260 mm 左右。通体大致灰褐色。初级飞羽基部的羽缘偏黄、羽端蓝灰而形成拢翼上的斑纹。尾羽灰而端白，羽外侧偏黄，尾下覆羽栗红色。虹膜浅乳白色，喙褐色，跗蹠褐色。

栖于山地竹林、开阔次生林及灌丛中。结小群活动，叫声为悠远的双音节和三音节声及吱吱声。以昆虫和植物种子为食。每窝产卵 2~4 枚。陕西见于秦巴山地。留鸟。

白喉噪鹛

Garrulax albogularis

（White-throated Laughingthrush，闹山王）
雀形目 Passeriformes
噪鹛科 Leiothrichidae
噪鹛属 *Garrulax*

体长 280 mm 左右。喉及上胸白色，上体余部暗烟褐色，下体具灰褐色胸带，腹部棕色。外侧 4 对尾羽羽端白色，虹膜偏灰色，喙深角质色，跗蹠偏灰色。

栖息于山地森林中，结小群至大群于森林树冠层或于浓密的棘丛。性吵嚷，似喘息的群鸟叫声，兴奋时发出尖叫声及似笑叫声。以野生植物的果实、种子及昆虫为食。陕西见于太白、宁陕、佛坪等地。留鸟。

白颊噪鹛

Garrulax sannio

（White-browed Laughingthrush，土画眉）
雀形目 Passeriformes
噪鹛科 Leiothrichidae
噪鹛属 *Garrulax*

体长 250 mm 左右。具明显的白色眉纹，眼先和颊白色。通体为深浅不同的棕褐色，尾下覆羽棕色。虹膜褐色，喙黑褐色，跗蹠灰褐色。

栖息于平原、山丘的灌木丛、矮树丛中，喜结群活动。鸣声喧噪响亮，叫声为偏高的铃声和唧喳声，以及不连贯的咯咯笑声。杂食性，以昆虫为主，兼食植物种子。陕西见于秦巴山区。留鸟。

画眉

Garrulax canorus

（Hwamei，金画眉）
雀形目 Passeriformes
噪鹛科 Leiothrichidae
噪鹛属 *Garrulax*

体长 220 mm 左右。特征为白色的眼圈在眼后延伸成狭窄的眉纹。顶冠及颈背有偏黑色纵纹。上体橄榄褐色，下体多为棕黄色。虹膜黄色，喙偏黄，跗蹠偏黄。

栖息于平原、山丘的灌木丛、矮树丛中，常成对或结小群活动。鸣声为悦耳活泼而清晰的哨音。杂食性，以昆虫为主，兼食野果、杂草种子。4~7 月繁殖，每窝产卵 3~5 枚。陕西见于秦巴山地。留鸟。

矛纹草鹛

Babax lanceolatus

（Chinese Babax，麻啄）
雀形目 Passeriformes
噪鹛科 Leiothrichidae
草鹛属 *Babax*

体型略大，为 260 mm 左右。头顶暗栗褐色，喙略下弯，具明显的深色髭纹。暗褐色尾羽特别长，上具狭窄的横斑，体羽近棕色，上下体具明显的纵纹。虹膜黄色，喙黑色，跗蹠粉褐。

栖于开阔的山区森林及丘陵森林的灌丛、棘丛。甚吵嚷，叫声为响亮而偏高的 ou-phee-ou-phee 嗷叫声，重复多次。结小群于地面活动和取食，以昆虫、植物果实和种子为食。每窝产卵 5~6 枚。陕西见于周至、宁陕、佛坪、留坝等地。留鸟。

红嘴相思鸟

Leiothrix lutea

（Red-billed Leiothrix，红嘴绿观音）
雀形目 Passeriformes
噪鹛科 Leiothrichidae
相思鸟属 *Leiothrix*

体长 155 mm 左右。眼先和眼周淡黄色，耳羽橄榄黄色。上体橄榄绿，上胸橙红，下体橙黄。尾近黑而略分叉。翼略黑，红色和黄色的羽缘在歇息时成明显的翼纹。虹膜褐色，喙红色，跗蹠粉红。

栖息于海拔 900~3300 m 的山地常绿阔叶林、常绿针阔混交林的灌丛和竹林中，成群活动。鸣声细柔但甚为单调。以植物果实、种子、昆虫为食。3~5 月繁殖，每窝产卵 3~4 枚。陕西见于秦岭南坡及巴山地区。留鸟。

斑胸钩嘴鹛

Pomatorhinus erythrocnemis

（Black-streaked Scimitar Babbler，长嘴画眉）
雀形目 Passeriformes
鹛科 Timaliidae
钩嘴鹛属 *Pomatorhinus*

体长 240 mm 左右。喙长而弯曲，眼先有一小块白斑，无浅色眉纹，脸颊棕色。上体橄榄褐色，下体白色杂以较大黑色和锈红色纵纹。虹膜黄色，喙灰褐色，趾肉褐色。

栖于山地灌木、矮树丛间，多单独或成对活动。鸣声嘹亮，为双重唱，即雄鸟发出响亮的 queue pee 声，雌鸟立即回以 quip 声。以各种昆虫和植物种子为食。陕西见于陕南。留鸟。

棕颈钩嘴鹛

Pomatorhinus ruficollis

（Streak-breasted Scimitar Babbler，拐拐儿）
雀形目 Passeriformes
鹛科 Timaliidae
钩嘴鹛属 *Pomatorhinus*

体长 190 mm 左右。眉纹、喉白色，贯眼纹黑色，具栗色的颈圈，胸白色具橄榄褐色纵纹，其余部位橄榄褐色。虹膜褐色，上喙黑、下喙黄，跗蹠铅褐色。

常见于海拔 80~3400 m 混交林、常绿林或有竹林的矮小次生林。多在灌丛间来回跳动，鸣声为 2~3 声的吆声，重音在第一音节，最末音较低。以各种昆虫和植物种子、浆果为食。陕西见于秦巴山区。留鸟。

灰头雀鹛

Fulvetta cinereiceps

（Grey-hooded Fulvetta，雀鹛子）
雀形目 Passeriformes
莺鹛科 Sylviidae
雀鹛属 *Fulvetta*

体长 120 mm 左右。头灰褐色，喉粉灰而具暗黑色纵纹。胸中央白色，两侧粉褐至栗色。上背烟褐色，腰棕褐色，腹部茶黄色。初级飞羽羽缘白、黑而后棕色形成多彩翼纹。虹膜黄至粉红，喙黑色（雄鸟）或褐色（雌鸟），跗蹠灰褐。

栖于海拔 1500~3400 m 的常绿林林下植被及混交林和针叶林的灌丛及竹林。叫声为似山雀的 cheep 声。以昆虫为食。陕西见于秦岭的汉中、太白、宁陕、周至等地。留鸟。

棕头鸦雀

Sinosuthora webbiana

（Vinous-throated Parrotbill，粉红鹦嘴，黄豆花）
雀形目 Passeriformes
莺鹛科 Sylviidae
鸦雀属 *Sinosuthora*

体长 120 mm 左右。喙粗而短，眼圈不明显。头顶及两翼栗褐，喉略具细纹。通体羽色前棕后褐。虹膜褐色，喙灰褐色，喙端色较浅，跗蹠粉灰。

通常栖息于林下灌木、草丛及低矮树丛。活泼而好结群。鸣声为高音的 tw'i-tu tititi 及 tw'i-tu tiutiutiutiu。食物以昆虫为主，兼食植物种子。陕西见于秦巴山区。留鸟。

强脚树莺　*Horornis fortipes*

（Brownish-flanked Bush Warbler，山树莺，报春鸟）
雀形目 Passeriformes
树莺科 Cettiidae
树莺属 *Horornis*

体长 120 mm 左右。雌雄羽色相似。皮黄色眉纹长，伸达后颈。上体暗棕褐色，下体偏白而染褐黄，尤其是胸侧、两肋及尾下覆羽。虹膜褐色，上喙深褐、下喙基色浅；跗蹠肉棕色。

栖息于山地灌丛中，通常独处，叫声如“你是谁”，易闻其声但难将其赶出一见。以象甲等昆虫为食。每窝产卵 4~5 枚。陕西见于秦巴山区。留鸟。

棕褐短翅莺

Locustella luteoventris

（Brown Bush-Warbler，短翅）
雀形目 Passeriformes
短翅莺科 Locustellidae
短翅莺属 *Locustella*

体长 140 mm 左右。雌雄羽色相似。皮黄色的眉纹甚不清晰。上体暗橄榄褐色，颏、喉及上胸白；脸侧、胸侧、腹部及尾下覆羽浓皮黄褐。两翼宽短，飞羽暗褐色，尾羽褐色，尾下覆羽羽端近白而似有鳞状纹。虹膜褐色，上喙暗褐色、下喙黄白色，跗蹠粉红。

栖于次生灌丛、草地，常隐匿，立姿甚平，叫声似蟋蟀振翅声，连续。以甲虫及鳞翅目幼虫为食。陕西见于留坝、宁陕、周至等地。留鸟。

云南柳莺

Phylloscopus yunnanensis

（Chinese Leaf-Warbler，中华柳莺）
雀形目 Passeriformes
柳莺科 Phylloscopidae
柳莺属 *Phylloscopus*

体长 100 mm 左右。头顶为暗橄榄褐灰色，中央冠纹淡橄榄灰色。眉纹长而显著，眼前段为淡皮黄色，后段为白色。上体灰橄榄色，腰黄白色，翅上具两道淡黄白色翼斑。下体白色而微沾黄色。虹膜褐色，上喙色深、下喙色浅，跗蹠褐色。

栖于海拔 2600 m 以下的山地森林中，常单独或成对活动。雄鸟在繁殖期间常站在松树顶枝上鸣唱，叫声不规则，为成串的响亮清晰似责骂哨音。主要以昆虫为食。繁殖期 5~7 月。陕西见于陕南。留鸟。

灰冠鹟莺

Seicercus tephrocephalus

（Grey-crowned Warbler）
雀形目 Passeriformes
柳莺科 Phylloscopidae
鹟莺属 *Seicercus*

体长 130 mm 左右。雌雄羽色相似，顶冠纹灰色，黑色侧冠纹下方带有灰色条纹，眼圈黄色。上体橄榄绿色，下体黄，外侧尾羽的内翈白色。虹膜褐色，上喙黑、下喙色浅，跗蹠偏黄。

栖息于山地森林或灌木丛中。多隐匿于林下层，叫声为嘹亮的 chip chiwoo 声。以叶甲、蝽象、蝇类为食。每窝产卵 4~5 枚。陕西见于秦巴山区。留鸟。

白领凤鹛

Yuhina diademata

（White-collared Yuhina，凤头鹛）
雀形目 Passeriformes
绣眼鸟科 Zosteropidae
凤鹛属 *Yuhina*

体长 175 mm 左右。雌雄羽色相似，全身以土褐色为主。颏、鼻孔及眼先黑色，具蓬松的羽冠，颈后白色大斑块与白色宽眼圈及后眉线相接。飞羽黑而羽缘近白。下腹部白色。虹膜偏红，喙近黑，跗蹠粉红。

活动于海拔 1100~3600 m 的灌丛，冬季下至海拔 800 m。成对或结小群活动，叫声为尖声的 chip 及轻柔的唧啾声。食物以昆虫为主，兼食植物。陕西见于秦岭南北坡及巴山地区。留鸟。

栗耳凤鹛

Yuhina castaniceps

（Striated Yuhina，红头鹛，条纹凤鹛）
雀形目 Passeriformes
绣眼鸟科 Zosteropidae
凤鹛属 *Yuhina*

体长130 mm左右。上体偏灰，下体近白，特征为栗色的脸颊延伸成后颈圈。具短羽冠，上体白色羽轴形成细小纵纹。尾深褐灰，羽缘白色。虹膜褐色，喙红褐、喙端色深，跗蹠粉红。

常见于中国华南、华东海拔400~2000 m的林地。性活泼常吵嚷，叫声为持续不断的ser-weet ser-weet声，集小群活动于较高的灌丛顶端。以果实、花蕊等食物为主，兼食昆虫。陕西见于秦岭南北坡。留鸟。

暗绿绣眼鸟

Zosterops japonicus

（Japanese White-eye，白眼儿，粉眼儿）
雀形目 Passeriformes
绣眼鸟科 Zosteropidae
绣眼鸟属 *Zosterops*

体长100 mm左右。上体鲜亮绿橄榄色，具明显的白色眼圈和黄色的喉及臀部。胸及两胁灰，腹白。虹膜浅褐，喙灰色，跗蹠偏灰。

常见于林地、林缘、公园及城镇。性情活泼而喧闹，叫声为轻柔的tzee声及平静的颤音。于树顶觅食小型昆虫、浆果及花蜜。3~8月繁殖，每窝产卵3~4枚。陕西见于留坝、洋县、西乡、佛坪、宁陕、汉阴、安康等地。夏候鸟。

红头长尾山雀

Aegithalos concinnus

（Black-throated Bushtit，红白面儿）
雀形目 Passeriformes
长尾山雀科 Aegithalidae
长尾山雀属 *Aegithalos*

体长 100 mm 左右。头顶及颈背棕色，过眼纹宽而黑，颏及喉白且具黑色圆形胸兜，下体白而具不同程度的栗色。下胸及腹部白色，胸带及两胁浓栗色。幼鸟头顶色浅，喉白，具狭窄的黑色项纹。虹膜黄色，喙黑色，跗蹠橘黄。

常见于海拔 1400~3200 m 的阔叶林、针叶林。性活泼，结大群，常与其他种类混群。叫声为尖细的 psip，psip；低颤鸣声 chrr，trrt，trrt；嘶嘶声 si-si-si-si-li-u。以昆虫、植物种子和浆果为食。4~6 月繁殖，每窝产卵 5~8 枚。陕西见于太白、汉中、佛坪、西乡、宁陕等地。留鸟。

银脸长尾山雀

Aegithalos fuliginosus

（Sooty Bushtit，长尾山雀）
雀形目 Passeriformes
长尾山雀科 Aegithalidae
长尾山雀属 *Aegithalos*

体长 120 mm 左右。头顶至后颈棕褐色，上体余部酱褐色。顶冠两侧及脸颊银灰，灰色喉与白色上胸对比而成项纹，胸部具宽阔褐色横带。两胁棕色，下体余部白色。尾褐色而侧缘白色。虹膜黄色，喙黑色，跗蹠偏粉色至近黑。

栖息于海拔 1000 m 以上的山地森林中，常结群活动。叫声为尖细的 sit 声，银铃般高音 si-si-si，si-si，啭音 sirrup 及生硬的 chrrrr 嘟叫声。以昆虫为食，也兼食植物嫩叶和果实。陕西见于宁陕、周至、太白、佛坪、留坝。留鸟。

银喉长尾山雀

Aegithalos glaucogularis

（Silver-throated Bushtit，洋红儿，十姐妹）
雀形目 Passeriformes
长尾山雀科 Aegithalidae
长尾山雀属 *Aegithalos*

体长 160 mm 左右。喙细小呈黑色，头顶黑色，中央贯以浅色纵纹；背至尾上覆羽灰色；尾甚长，黑色而带白边；喉部中央具银灰色块斑。各亚种图纹色彩有别。虹膜深褐，喙黑色，跗蹠深褐。

栖息于山地森林中，冬季常迁至平原。性活泼，叫声为短促的单音 ssrit，结小群在树冠层及低矮树丛中找食昆虫及种子。4~5 月繁殖，每窝产卵 9~10 枚。陕西见于榆林、太白、洋县、宁陕、周至、留坝、佛坪、西乡等地。留鸟。

黄腹山雀

Pardaliparus venustulus

雄

（Yellow-bellied Tit，黄点儿，黄肚点儿）
雀形目 Passeriformes
山雀科 Paridae
山雀属 *Pardaliparus*

体型较小，体长 100 mm 左右。喙甚短，下体黄色，翼上具两排白色点斑。雄鸟头及胸兜黑色，颊斑及颈后点斑白色，上体蓝灰，腰银白。雌鸟头部灰色较重，喉白，与颊斑之间有灰色的下颊纹，眉略具浅色点。幼鸟似雌鸟但色暗，上体多橄榄色。虹膜褐色，喙近黑，跗蹠蓝灰。

结群栖于林区，叫声为高调的鼻音 si-si-si-si。以昆虫为食。4 月开始繁殖，每窝产卵 5~7 枚。陕西见于秦巴山区。留鸟。

远东山雀 *Parus minor*

（Japanese Tit，大山雀）
雀形目 Passeriformes
山雀科 Paridae
山雀属 *Parus*

体长约 140 mm。头及喉辉黑，两侧颊部为大块白斑。翼上具一道醒目的白色条纹；背部黄绿色，下体白，一道黑色带沿胸中央而下。雄鸟胸带较宽，幼鸟胸带减为胸兜。

栖息于山地林区，越冬迁至平原地区林间。性活跃，成对或成小群，极喜鸣叫，联络叫声为欢快的 pink tche-che-che 变奏；鸣声为吵嚷的哨音 chee-weet。以松毛虫、蛾类等昆虫为食。3~8 月繁殖，每窝产卵 6~9 枚。陕西遍及全境。留鸟。备注：常作为大山雀（*P. major*）的亚种。

绿背山雀

Parus monticolus

（Green-backed Tit，花脸雀）
雀形目 Passeriformes
山雀科 Paridae
山雀属 *Parus*

体长约 130 mm。头黑色，眼先黑色，两颊具大型白斑。腹部黄色，中央贯以黑色纵纹；上背绿色，翅上具两道白色翼纹。虹膜褐色，喙黑色，跗蹠青石灰色。

栖息于海拔 1000~3000 m 的山地林区，冬季迁至低山、平原。叫声似大山雀，但声响而尖且更清亮。以鞘翅目昆虫、蚂蚁等为食。4~7 月繁殖，每窝产卵 4~6 枚。陕西见于秦岭地区。留鸟。

沼泽山雀

Poecile palustris

（Marsh Tit，小豆雀）
雀形目 Passeriformes
山雀科 Paridae
山雀属 *Poecile*

体长约 115 mm。头顶及颏黑色，上体偏褐色或橄榄色，下体近白，两胁皮黄，无翼斑或项纹。与褐头山雀易混淆但通常无浅色翼纹而具闪辉黑色顶冠。虹膜深褐，喙偏黑，跗蹠深灰。

喜栎树林及其他落叶林、密丛、树篱、河边林地及果园。单独或成对活动，有时加入混合群，叫声为山雀的典型 tseet 音，及 chiu-chiu-chiu 的哨音。以昆虫为食。陕西见于定边、太白、眉县、周至、西安、留坝、宁陕、佛坪等地。留鸟。

普通䴓

Sitta europaea

（Eurasion Nuthatch，蓝大胆）
雀形目 Passeriformes
䴓科 Sittidae
䴓属 *Sitta*

体长约 130 mm。上体蓝灰，过眼纹黑色，喉白，腹部淡皮黄，两胁浓栗色。虹膜深褐，喙黑色，跗蹠深灰色。

栖于山地林区。飞行起伏呈波状，成对或结小群活动，叫声为响而尖的 seet，seet 声。在树干的缝隙及树洞中啄食橡树籽、坚果及昆虫，偶尔于地面取食。4~5 月繁殖，每窝产卵 6~12 枚。陕西见于秦岭林区。留鸟。

雄

雌

蓝喉太阳鸟

Aethopyga gouldiae

（Mrs Gould's Sunbird，桐花凤）
雀形目 Passeriformes
花蜜鸟科 Nectariniida
太阳鸟属 *Aethopyga*

体长约 140 mm。雄鸟体色为猩红、蓝色和黄色，蓝色尾有延长。雌鸟上体橄榄色，下体绿黄，颏及喉烟橄榄色，腰浅黄色。虹膜褐色，喙黑色，跗蹠褐色。

夏季常见于山区海拔 1200 m 以上的常绿林，冬季下迁。多在花丛中活动，尤以泡桐花为甚。叫声为快速重复的 tzip 声及咬舌音的 squeeeee 鸣声。以花蜜为食，也吃浆果和昆虫。陕西见于太白、周至、留坝、宁陕、佛坪、洋县等地。夏候鸟。

雄

雌

山麻雀 *Passer rutilans*

（Russet Sparrow，麻雀）
雀形目 Passeriformes
雀科 Passeridae
麻雀属 *Passer*

体长约 140 mm。雄雌异色。雄鸟顶冠及上体为鲜艳的黄褐色或栗色，上背具纯黑色纵纹，喉黑，脸颊污白，翼黑褐色具两道棕白色横斑。雌鸟色较暗，具深色的宽眼纹及奶油色的长眉纹。虹膜褐色，喙灰色（雄鸟）或黄色而喙端色深（雌鸟），跗蹠粉褐。

结群栖于高地的开阔林、林地或于近耕地的灌木丛。叫声为 cheep 、chit-chit-chit 或重复的鸣声 cheep-chirrup-cheweep。以谷物、草籽和昆虫为食。陕西见于陕南山地。留鸟。

普通朱雀 *Carpodacus erythrinus*

雄

（Common Rosefinch，红麻鹨，朱雀）
雀形目 Passeriformes
燕雀科 Fringillidae
朱雀属 *Carpodacus*

体长约 150 mm。上体灰褐，腹部污白色。雄鸟头、胸、腰及翼斑多具鲜亮红色。雌鸟色暗淡，头部、上体橄榄褐色，下体近白。幼鸟似雌鸟但褐色较重且有纵纹。虹膜深褐，喙灰色，跗蹠近黑色。

栖于亚高山林带，但多在林间空地、灌丛及溪流旁。单独、成对或结小群活动。鸣声为单调重复的缓慢上升哨音 weeja-wu-weeeja；叫声为清晰上扬的哨音 ooeet。以草籽、植物芽苞和昆虫为食。陕西见于秦巴山区及延安、定边等地。夏候鸟。

金翅雀 *Chloris sinica*

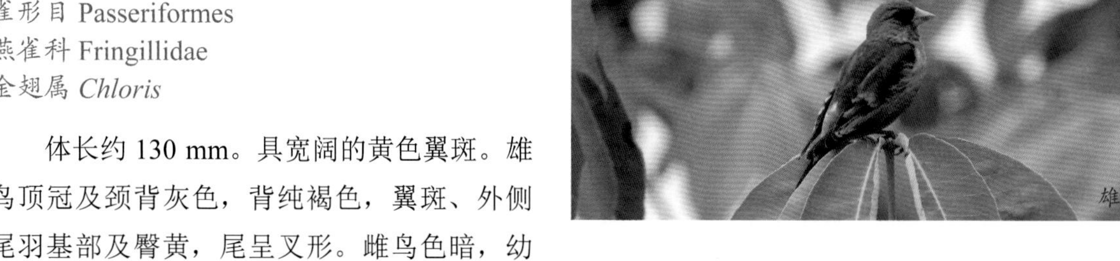
雄

（Grey-capped Greenfinch，金翅儿，黄豆雀）
雀形目 Passeriformes
燕雀科 Fringillidae
金翅属 *Chloris*

体长约 130 mm。具宽阔的黄色翼斑。雄鸟顶冠及颈背灰色，背纯褐色，翼斑、外侧尾羽基部及臀黄，尾呈叉形。雌鸟色暗，幼鸟色淡且多纵纹。虹膜深褐，喙偏粉色，跗蹠粉褐色。

栖于灌丛、旷野、人工林、林园及林缘地带，高可至海拔 2400 m。鸣声较沙哑且有粗声 kirr；飞行叫声为 dzi-dzi-i-dzi-i 及带鼻音的 dzweee 声。冬季结大群，以草籽、树木种子为食。4~7 月繁殖，每窝产卵 4~5 枚。陕西见于陕南（留鸟）和陕北（夏候鸟）。

雌

幼鸟

黄雀 *Spinus spinus*

（Eurasian Siskin，金背）
雀形目 Passeriformes
燕雀科 Fringillidae
黄雀属 *Spinus*

体长约 110 mm。喙短，体背黄绿色，腰有一金黄色斑，翼上具醒目的黑色及黄色条纹。雄鸟顶冠黑色，喉具黑色斑，头侧、腰及尾基部亮黄色。雌鸟色暗而多纵纹，顶冠褐沾青绿色。幼鸟似雌鸟但褐色较重，翼斑多橘黄色。虹膜深褐色，喙偏粉色，跗蹠近黑色。

常见于山地针叶林中。冬季结大群作波状飞行，觅食似山雀且活泼好动，鸣声为丁当作响的金属音啾叫、颤音及喘息声的混合；典型叫声为细弱的 tsuu-ee 或干涩的 tet-tet 声。以植物种子和昆虫为食。5~7 月繁殖，每窝产卵 4~6 枚。陕西见于宁陕、佛坪等地。旅鸟。

灰头灰雀 *Pyrrhula erythaca*

（Grey-headed Bullfinch，赤胸灰雀）
雀形目 Passeriformes
燕雀科 Fringillidae
灰雀属 *Pyrrhula*

体长约 150 mm。喙厚略带钩。雄鸟嘴基周围及眼周黑色，头顶、后颈、背及肩灰色，胸及腹部深橘黄色。雌鸟下体淡葡萄灰色，背部葡萄褐色。幼鸟似雌鸟但整个头全褐色，仅有极细小的黑色眼罩。飞行时白色的腰及灰白色的翼斑明显可见。虹膜深褐色，喙近黑色，跗蹠粉褐色。

栖于亚高山针叶林及混交林。冬季结小群生活，甚不惧人，叫声为缓慢的 soo-ee，有时似三哨音。以草籽、浆果及昆虫为食。陕西见于太白、宁陕、佛坪、镇坪等地。留鸟。

蓝鹀

Emberiza siemsseni

（Slaty Bunting，蓝地麻串）
雀形目 Passeriformes
鹀科 Emberizidae
鹀属 *Emberiza*

体长约 130 mm。雄鸟体羽大致石蓝灰色，仅腹部、臀及尾外缘色白，三级飞羽近黑。雌鸟为暗褐色而无纵纹，具两道锈色翼斑，腰灰，头及胸棕色。虹膜深褐色，喙黑色，跗蹠偏粉色。

栖于次生林及灌丛。鸣声为高调的金属音，多变化而似山雀；叫声为重复的尖声 zick。以杂草种子和谷粒为食。陕西见于周至、太白、宁陕等地。夏候鸟或留鸟。

黄喉鹀

Emberiza elegans

（Yellow-throated Bunting，黄眉子，黄豆瓣）
雀形目 Passeriformes
鹀科 Emberizidae
鹀属 *Emberiza*

体长约 150 mm。雄鸟眉纹、枕、颊和上喉辉黄色，头顶短羽冠和头侧黑色。胸部具黑色半圆形胸斑。腹白而微沾棕色，背和肩棕褐色，两翼黑褐色并具两排白色翼斑。雌鸟似雄鸟但色暗，头顶黑褐色，眉纹、枕、颊和上喉沙黄色。虹膜深栗褐色，喙近黑色，跗蹠浅灰褐色。

栖于丘陵及山脊的干燥落叶林及混交林。越冬在多荫林地、森林及次生灌丛。鸣声为单调的啾啾声，由树栖处作叫，似田鹀；叫声为重复而似流水的偏高声 tzik。以杂草种子、昆虫和谷粒为食。每窝产卵 4~5 枚。陕西见于秦巴山区。留鸟。

爬行动物
野外识别

蓝尾石龙子 *Eumeces elegans*

（Blue-tailed skink，蓝尾四脚蛇）
有鳞目 Squamata
石龙子科 Scincidae
石龙子属 *Eumeces*

体长 70~90 mm，尾长 60~130 mm。雄性成体背面棕黑色，有 5 条浅黄色纵纹；雌性成体背面色深暗，5 条纵纹尤为显著；正中一条浅纵线纹，在间顶鳞部位分叉向前沿额鳞两侧到吻部，向后延伸到尾背的 1/2 处；尾末端蓝色。上鼻鳞 1 对，彼此相接；无后鼻鳞，后颏鳞 1 枚，颈鳞 1 对，股后有一团大鳞；体鳞平滑，覆瓦状排列。

栖息于路旁草丛、石缝或树下溪边乱石堆杂草丛中，多见于有阳光照射的山坡。食物主要是各种昆虫。6 月、7 月产卵，每窝 5~9 枚卵，雌蜥产卵后，以潮湿土或枯叶将卵覆盖。陕西见于宁陕、留坝等秦岭山地。

铜蜓蜥
Sphenomorphus indicus

（Bronze Skink，铜石龙子）
有鳞目 Squamata
石龙子科 Scincidae
蜓蜥属 *Sphenomorphus*

体长 80 mm 左右，尾长 130mm 左右。无上鼻鳞和颈鳞，肛前鳞 2 枚，形大。体背古铜色，背中央有 1 条断断续续的黑脊纹，其两侧有褐色细点，前后缀连成行。头体两侧、正尾基两侧各有 1 条占 2~3 鳞行宽黑色纵带。腹面浅色无斑。

喜栖息于山麓荒地、路边、阴湿之石堆、石缝或高大乔木林荫处，偶见于小溪边、茶田旁。以蝗虫、蚂蚁等昆虫为食。卵胎生，8 月产仔，每窝 5~8 仔。陕西见于秦岭南北坡。

草绿龙蜥

Japalura flaviceps

（Green Lizard，公蛇）
有鳞目 Squamata
鬣蜥科 Agamidae
龙蜥属 *Japalura*

体侧扁，体长 75 mm，尾长不及头体长的 2 倍。吻端圆，吻棱明显。鼻鳞与上唇鳞间以 1 枚或 2 枚小鳞；上唇鳞 10~11 枚。头背鳞片大小不一，均起棱。有喉褶，背鬣为锯齿状脊。雄性在生殖季节有喉囊，鬣鳞发达。体色常有变异，生活时为草绿色或棕绿色，躯干部有 4~5 宽深色横纹。头背有 4 条深色横纹，眼周具辐射状黑色纹。尾具 15~21 个深浅相间的横纹。后肢前伸达眼或眼后角。

喜栖息于山坡、路边、荒地石堆、田旁。多于中午活动，以蝗虫、蜂、蝶类幼虫、天牛等昆虫及多足类为食。8 月产卵，每窝 4~7 枚白色卵。陕西见于秦岭南坡的宁陕、洋县等地。

丽斑麻蜥

Eremias argus

（Ocellated Steppe Lacerta，麻蛇子）
有鳞目 Squamata
蜥蜴科 Lacertidae
麻蜥属 *Eremias*

体中等，体型长圆而略侧扁。体长 46~59 mm，尾长 50~71 mm。雄性体背青褐色，雌性体背较灰黄。其明显特征是背部及腰侧具有纵列的白色眼斑或链形长条。额鼻鳞 1 对，前眶上鳞长于后眶上鳞。

麻蜥中的喜温种类。栖息于平原、丘陵、草原及农田等各种生境。平时常在灌丛或芨芨草堆周围活动，日出后外出活动，以蚂蚁、甲虫、蛾、蝇、蚊类等昆虫为食。卵生，5 月产卵，每窝 2~3 枚黄白色卵。陕西见于长安、户县、宁陕等地。

王锦蛇 *Elaphe carinata*

（Stink Rat Snake，臭王蛇，菜花蛇）
有鳞目 Squamata
游蛇科 Colubridae
锦蛇属 *Elaphe*

体粗壮，全长 1500~2000 mm。头背棕黄色，因鳞缘和鳞沟黑色而形成“王”字斑纹；体背面黑色，混杂黄色花斑；体前段具有黄色的横斜斑纹，到体后段逐渐消失；腹面黄色，腹鳞后缘有黑斑。成体和幼体在体色、斑纹方面很不相同，易误认为他种。

栖息于海拔 300~2300 m 的山区、丘陵地带。无毒，性凶猛，善上树，以夜间更为活跃。以鼠类、蛙类、鸟类及鸟蛋为主食。卵生，每窝 8~12 枚。肛腺特别发达，有异臭。陕西的秦岭山区广泛分布。

玉斑锦蛇 *Elaphe mandarina*

（Mandarin Snake，高砂蛇，神皮花蛇）
有鳞目 Squamata
游蛇科 Colubridae
锦蛇属 *Elaphe*

全长 1000 mm 左右。体背面紫灰或灰个褐色，背中央有一行约等距排列的黑色大菱斑（躯 18~31 个 + 尾 6~11 个），菱斑中心黄色；腹面灰白色，散有长短不一、交互排列的黑斑。头背黄色，有典型的黑色倒“V”字形套叠斑纹。

栖息于海拔 3000 m 以下的山区森林。常活动于山区居民点附近的水沟边、草丛中。以小型哺乳动物及蜥蜴为食。6 月、7 月产卵，每窝 5~16 枚，卵白色，椭圆形。陕西见于周至、眉县、柞水、宁陕、佛坪、石泉、商南、山阳、洛南、洋县等地。

黑眉锦蛇

Elaphe taeniura

（Striped Racer，菜花蛇，家蛇）
有鳞目 Squamata
游蛇科 Colubridae
锦蛇属 *Elaphe*

体型大，全长可达 2000 mm，头体背黄绿或棕灰色，体背前中段具黑色梯状或蝶状纹，至后段逐渐不显；从体中段开始，两侧有明显的黑色纵带达尾端；腹面灰黄色或浅灰色；上下唇鳞及下颌淡黄色，眼后具一明显的眉状黑纹延至颈部。背中央数行背鳞稍有起棱。

生活于海拔 3000 m 以下的平原丘陵及山区。常栖居于房屋及其附近，好盘踞于老式房屋的屋檐。日行性，行动迅速，善攀爬，性较猛，受惊扰即竖起头颈作攻击之势。食鼠类、鸟类及蛙类。卵生，7 月产卵，每窝 2~13 枚。系广布种，陕西见于眉县、柞水、宁陕、佛坪、商南、洛南、周至等地。

宁陕小头蛇

Oligodon ningshanensis

（Ningshaan Kukri Snake，小头蛇）
有鳞目 Squamata
游蛇科 Colubridae
小头蛇属 *Oligodon*

体较小，全长约 655 mm。头椭圆形，有鼻间鳞，无颊鳞，头颈区分不明显。腹面灰黄色，背面棕绿色或古铜色；头背无斑，颈部有黑褐色纵纹 3 条，中间一条约 3cm 长，两侧的直达尾端。背鳞列均 13 行，肛鳞 2 枚，尾下鳞双行。

生活于海拔 1400~1650 m 的针阔混交林边缘的灌木丛开阔处，也常活动于公路两旁水沟附近。性温顺，昼行性。陕西分布于宁陕的秦岭山地，火地塘林场为宁陕小头蛇模式标本的采集点。

颈槽蛇 *Rhabdophis nuchalis*

（Grooved-Neck Keelback，颈槽游蛇）
有鳞目 Squamata
游蛇科 Colubridae
颈槽蛇属 *Rhabdophis*

成体

成体头部

幼体头部

全长 610 mm 左右，头背橄榄绿，上唇鳞色略浅，部分鳞缘黑色，幼体枕部有橘黄色“V”形斑；头腹面灰褐色；躯干及尾背面橄榄绿，杂以绛红及黑斑，鳞间皮肤白色；腹面砖灰色。颈背有一条极为明显的纵沟，即颈槽。背鳞通身 15 行，除两侧最外 1（很少 2）行平滑外，余均具棱；肛鳞二分。

生活于海拔 1000 m 以上的山区，多活动于路边、草丛、石堆或水域附近。白天活动，食蚯蚓或蛞蝓等；卵生。陕西见于周至、太白、柞水、佛坪、宁陕、陇县、平利。

虎斑颈槽蛇

Rhabdophis tigrinus

（Tiger Keelback，竹竿青，野鸡脖）
有鳞目 Squamata
游蛇科 Colubridae
颈槽蛇属 *Rhabdophis*

头背部

中型游蛇，全长 1000 mm 左右，头背绿色，上唇鳞污白色，鳞沟黑色，眼正下方及眼斜后方各有一条粗黑纹，枕部两侧有一对粗大的黑色“八”字形斑；颈背有一条极为明显的颈槽。头腹面白色；躯干及尾背面翠绿色或草绿色，躯干前段两侧有粗大的黑色与橘红色斑块相间排列，后段犹可见黑色斑块，橘红色渐趋消失。

生活于海拔 2250 m 以下的平原、山区、丘陵地带的水域附近，多出没于有水草多蛙蟾之处。白天活动，行动敏捷，性凶猛。受惊扰时前半身膨扁竖起，呼呼作响，并能攻击追人。食蛙、蟾蜍、蝌蚪与小鱼。卵生，6~7 月产卵，每窝 10~23 枚。我国南北广泛分布，陕西见于陕北、关中和陕南各地。

成体

幼体

斜鳞蛇 *Pseudoxenodon macrops*

（Big-Eyed Mountain Keeil-back，臭蛇，草上飞）
有鳞目 Squamata
游蛇科 Colubridae
斜鳞蛇属 *Pseudoxenodon*

全长 800 mm 左右，头长椭圆形，头颈区分明显，眼大，吻钝，颈背有一黑色箭形斑（有的个体不清），但其外缘无镶细白线纹。体背红棕色、黑棕色或黑灰色，色斑变异较大，有橘黄、淡蓝、棕红、棕黑色花纹；体背有 40~60 条网纹。背鳞起棱，19-19(17)-15 行，背鳞体前段明显斜列。

生活于海拔 700~2700 m 的高原山区，栖息于山溪边、路边、菜园地、石堆上。白天活动，受惊吓时其躯干前部分会扁平展开似眼镜蛇，蛇身有奇臭，主要食蛙。卵生，每窝 11~23 枚。陕西见于秦岭南北坡周至、宁陕等地。

乌梢蛇 *Zaocys dhumnades*

（Big-Eye Rat Snake，乌蛇，过山刀）
有鳞目 Squamata
游蛇科 Colubridae
乌梢蛇属 *Zaocys*

体型大，全长 1600mm 左右。头颈区分显著；眼大，瞳孔圆形。背部绿褐色或棕黑色，背脊两侧有两条黑色纵纹，其中成体黑纵纹仅在体前段明显，亚成体黑纵纹纵贯全身，幼体背部多呈灰绿色，有 4 条黑纹纵贯全身；前段背鳞鳞缘黑色，形成网状斑纹；前段腹鳞多呈黄色或土黄色，后段由浅灰黑色渐变为浅棕黑色。肛鳞二分，极少或愈合为一。

生活于平原、丘陵地带及海拔 1570 m 的高原地区。白天活动，行动迅速而敏捷，性较温顺，食蛙类、小鱼及蜥蜴、鼠类等。卵生，5~7 月产卵，每窝 13~17 枚。陕西秦岭各地均有分布。

红点锦蛇

Elaphe rufodorsata

（Red-Backed Rat Snake，红纹滞卵蛇，水蛇）
有鳞目 Squamata
游蛇科 Colubridae
锦蛇属 *Elaphe*

全长 1000 mm 左右。头体背面黄褐色或淡红色，头背有 3 条“∧”形棕褐色或黑色斑纹；体背前段有 4 行杂有红棕色的黑点，逐渐形成黑纵线达尾背。腹面颈部及体前部鹅黄色，向后为浅橘黄色或橘红色，密缀黑黄相间的小棋盘格斑。

生活于海拔 1000m 以下的平原、丘陵地带。原锦蛇属中唯一半水栖生活和卵胎生繁殖的蛇类，多栖息于河滨、溪流、湖畔、池塘及其附近田野、坟堆、屋边菜地或水沟内，食鱼类、蛙类及蝌蚪、螺类、水生昆虫。卵胎生，7~9 月产仔，每窝 4~17 条。为国内广布种。陕西见于眉县、长安、宁陕等秦岭山地，可能是寺院放生引入。

赤链蛇

Dinodon rufozonatum

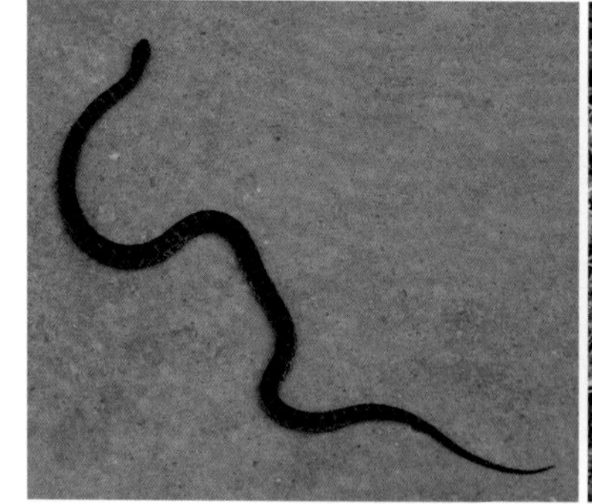

（Asian king Snake，火赤链，红百节）
有鳞目 Squamata
游蛇科 Colubridae
链蛇属 *Dinodon*

全长约 1000 mm，头宽扁，眼较小，瞳孔直立椭圆形。颊鳞狭长、入眶。头背黑色，枕部具红色“∧”形斑，体背黑褐色，具多数（60 枚以上）红色窄横斑，背鳞光滑无棱，腹面灰黄色，腹鳞两侧杂以黑褐色点斑。

生活于低海拔地区的田野、河边、丘陵及近水地带。多在傍晚出没，常出现于住宅周围，性较凶猛，以鱼、蛙、蜥蜴、蛇、鸟等为食。卵生，每窝产卵 10 枚。陕西见于汉中、周至、宁陕等县。

黑脊蛇 *Achalinus spinalis*

（Common Burrowing Snake）
有鳞目 Squamata
游蛇科 Colubridae
脊蛇属 *Achalinus*

体细长，体型中等，成蛇体长为 500 mm 左右。头颈区分不明显，体背棕黑色，略具金属光泽，背脊有一深黑色纵线，从顶鳞后缘向后延伸至尾末端，占脊鳞及其左右各半鳞；腹鳞色略浅；幼体体背色更深，脊线模糊。背鳞窄长，披针形，通身 23 行，肛鳞完整，尾下鳞单行。

生活于海拔 1800 m 以下的山区、丘陵地带。穴居，夜行性。雨后土壤潮湿时易见。以蚯蚓、甲虫幼虫等为食。卵生，每窝卵 4~7 枚。陕西见于周至、商县、洛南、商南、山阳、柞水、宁陕、佛坪、宁强。

翠青蛇 *Cyclophiops major*

（Chinese Green Snake，青竹标，青龙）
有鳞目 Squamata
游蛇科 Colubridae
翠青蛇属 *Cyclophiops*

身体细长，体型中等，体长为 900 mm 左右。头呈椭圆形，略尖；眼大，头部鳞片大，和竹叶青的细小鳞片有明显的区别。背鳞通体 15 行，肛鳞二分。全身平滑有光泽，体色为深绿、黄绿或翠绿色，头部腹面及躯干部的腹面前端为淡黄微呈绿色。尾细长。

栖息于中低海拔（1700 m 以下）的山区、丘陵和平地，常于草木茂盛或荫蔽潮湿的环境中活动。全天活动，动作迅速而敏捷，性情温和。以蚯蚓、昆虫等为食。卵生，每窝 7~10 枚。陕西见于陕南佛坪、宁陕等秦岭山地。

菜花原矛头蝮

Protobothrops jerdonii

（Jerdon's Pitviper，菜花烙铁头）
有鳞目 Squamata
蝰科 Viperidae
原矛头蝮属 *Protobothrops*

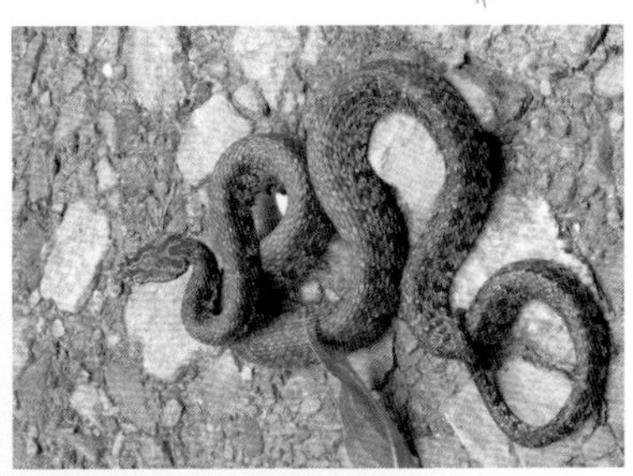

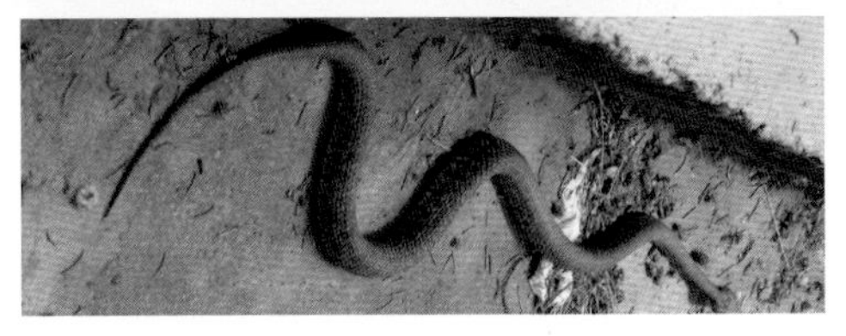

全长 1000 mm 左右。头较窄长，三角形，吻棱明显，背面黑黄间杂，大多个体正背具一行镶黑边的深棕色或深红色斑块，每一斑块约占数枚到十余枚鳞。腹面黑褐色或黑黄间杂，头背黑色可见黄色圈纹，吻棱经眼斜向口角以下的头侧黄色，眼后有一粗黑线纹；头腹黄色，杂以黑斑，鼻鳞与第一枚上唇鳞完全分开；头背全被小鳞，尾下鳞 44~80 对。上颌骨具管牙，有颊窝。

生活于海拔 620~3160 m 的山区或高原，常栖于荒草坪、耕地内、路边草丛、乱石堆中或灌木下，也见于溪沟附近草丛中或干树枝上。晚上活动，以鸟、鼠、食虫兽类为食。毒蛇，卵胎生，7~9 月产仔，每窝 4~8 条，幼蛇体色与成体不同。陕西分布在太白、华阴、商南、佛坪、宁陕、平利。

高原蝮 *Gloydius strauchii*

（Likiang Piviper，麻蛇，秦岭腹）
有鳞目 Squamata
蝰科 Viperidae
亚洲蝮属 *Gloydius*

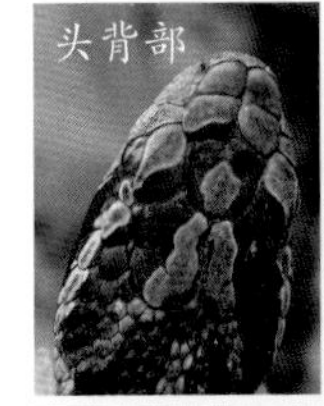
头背部

头侧部

全长 60 cm 左右。吻棱不显，头呈卵圆形；头部背面黄褐色，有一“A”形深棕色斑；在眼上方具有两侧未镶细黑边的灰白色“眉纹”，向后与同色纵纹相延续；从口角至尾中段有一灰白色纵纹位于背腹鳞交界处。上颌骨具管牙，有颊窝；鼻间鳞略呈梯形，背鳞中段 21 行或 19 行。腹面密布黑褐点。

本种是横断山区特有种。生活于高山高原、草原地区，多出没于乱石堆处或灌丛杂草中，以鼠类、蜥蜴及蛙类为食。毒蛇，8~9 月产仔，每窝 2~10 条，可能隔年繁殖一次。陕西秦岭见于宁陕、太白、周至等地。

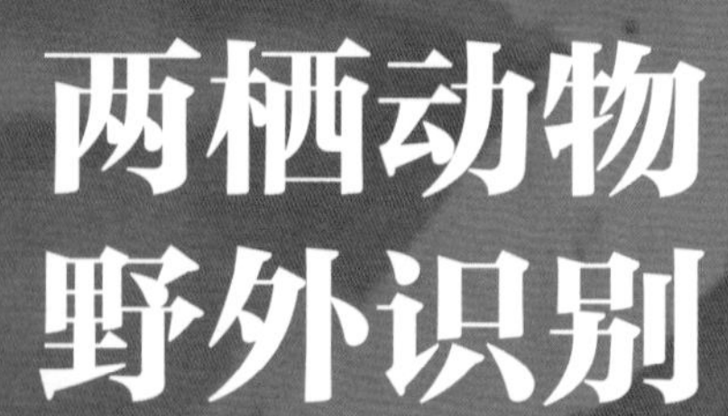

两栖动物野外识别

太白山溪鲵 *Batrachuperus taibaiensis*

（Taiba Stream Salamander，杉木鱼）
有尾目 Caudata
小鲵科 Hynobiidae
山溪鲵属 *Batrachuperus*

成体

幼体

体型较大，全长120 mm左右。躯干浑圆而略扁平，尾粗壮，圆柱形，向后逐渐侧扁。吻端圆，吻棱不明显，鼻孔略近吻端；眼大，口角位于眼后角下方。指、趾扁平，末端钝圆，基部无蹼，指、趾数目为4个，掌、蹠腹面无角质鞘。体侧有12条肋沟。体背面橄榄色，腹面色略浅。雄鲵肛裂多呈“Y”形，雌鲵尾略短于雄鲵，肛裂为纵缝。管状卵胶袋呈“C”字形，内有卵5~19粒，排列成单行。

栖息于海拔1500 m以上中高山区流溪之内。成鲵以水栖生活为主，多栖于水源头的石下。成鲵多以虾类和毛翅目、襀翅目等的幼虫为食。陕西见于宁陕、长安、太白、眉县、周至、佛坪、洋县等地。

秦巴拟小鲵 *Pseudohynobius tsinpaensis*

（Tsinpa Salamander，秦巴北鲵）
有尾目 Caudata
小鲵科 Hynobiidae
拟小鲵属 *Pseudohynobius*

成体

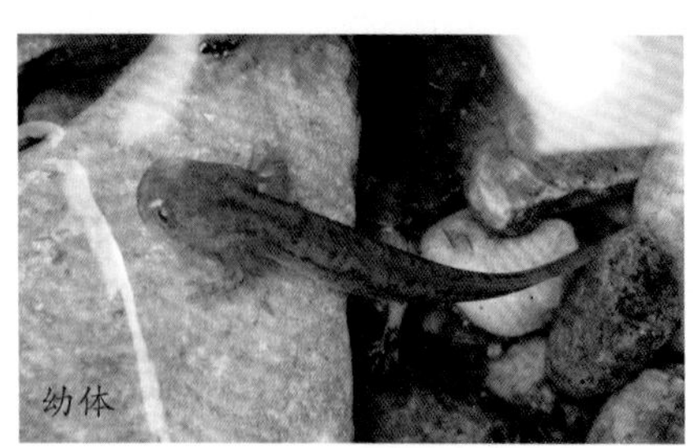
幼体

体形小，全长130 mm左右。头部扁平，无唇褶。躯干圆柱形，尾基较圆向后逐渐侧扁。指、趾扁平，末端钝圆，基部无蹼，指4个，趾为5个，掌、蹠部无角质鞘。体侧有肋沟13条；头部棕褐色杂以少数金黄小斑；体、尾正中部位为金黄色与少数深褐色交织成的不规则云斑块，腹面为藕褐色，散以细白点。卵胶袋呈长筒形，内有卵6~11粒。

生活在海拔1200~1800 m的小山溪及其附近。昼伏夜出，成体营陆地生活为主，白天大多隐蔽在溪边或干涸的溪底大石块下或碎石坭缝中。幼体多在石块下游动或匍匐在淤泥上。以虾类、鳞翅目幼虫等昆虫为食。陕西见于宁陕、太白、周至、佛坪、洋县等山地。陕西省重点保护物种。

中华蟾蜍 *Bufo gargarizans*

（West China Toad，癞蛤蟆）
无尾目 Anura
蟾蜍科 Bufonidae
蟾蜍属 *Bufo*

雄蟾体长 73 mm，雌蟾体长 100 mm 左右。鼓膜显著，椭圆形；耳后腺大而长圆。皮肤粗糙，头顶具小疣，体背面及后肢背面有较稀疏的大小瘰粒，胫部大瘰粒显著，体侧及整个腹面满布小刺疣。雄蟾背部黑褐、橄榄绿或泥绿色，雌蟾一般色较浅，背面黑斑及土红色斑较显著。腹面及体侧一般有土红色斑纹，腹面浅褐色，散有不规则的黑色斑点，腹后至胯基部多有一深色大斑。卵粒多呈 2~4 行交错排列（偶尔有 1 行者）在管状胶质卵带内；蝌蚪尾鳍色黑，尾末端圆。

生活在海拔 750~3500 m 的山区；3~6 月繁殖，卵多产于山溪的缓流处、大河边的回水函或山区静水塘内。蝌蚪多成群，以藻类和腐物为食。本种为中华蟾蜍华西亚种，陕西分布于周至、洋县、宁陕、佛坪、留坝、平利、南郑和宁强。

雄

黑斑侧褶蛙 *Pelophylax nigromaculata*

（Black-Spotted Pond Frog，青蛙）
无尾目 Anura
蛙科 Ranidae
侧褶蛙属 *Pelophylax*

雌

抱对

雄蛙体长 62 mm，雌蛙体长 74 mm 左右。头长大于头宽。鼓膜大而明显，吻端钝圆。背面皮肤粗糙，背侧褶明显，其间有长短不一的肤棱。后肢短，胫跗关节前达眼和鼓膜之间。体色变异大，多为蓝绿、暗绿、黄绿、灰褐色或酱褐色，四肢有横纹，股后侧有云斑。有 1 对颈外声囊。蝌蚪全长 51 mm，体背灰绿色，尾部有斑，尾末端钝尖。

广泛栖息于平原、丘陵的水田、池塘、湖泊及海拔 2200 m 以下的山地。3~6 月繁殖，每次产卵 780~5500 枚。陕西分布于秦岭、巴山山脉、关中平原和陕北等地。

中国林蛙 *Rana chensinensis*

（Chinese Brown Frog，蛤仕蟆）
无尾目 Anura
蛙科 Ranidae
林蛙属 *Rana*

雄蛙体长 46 mm，雌蛙体长 48 mm 左右。头扁平，头宽略大于头长。皮肤较光滑，有分散小疣。后肢长，胫跗关节前达眼前或吻鼻之间；趾蹼缺刻深。体背面为土黄色或灰褐色；四肢有环行黑斑，鼓膜部位有黑色三角斑；两眼间有 1 黑色横纹。有 1 对咽侧下内声囊。蝌蚪体背黑褐色，尾部散有深色斑点，尾末端钝尖。

为我国特产种类。栖息于海拔 600~2000 m 的山地森林植被较好的静水塘或山沟附近。3 月末到 4 月中旬繁殖，每次产卵 700~2000 枚。蝌蚪杂食性，成体多以昆虫为食。陕西广泛分布于秦岭山脉。

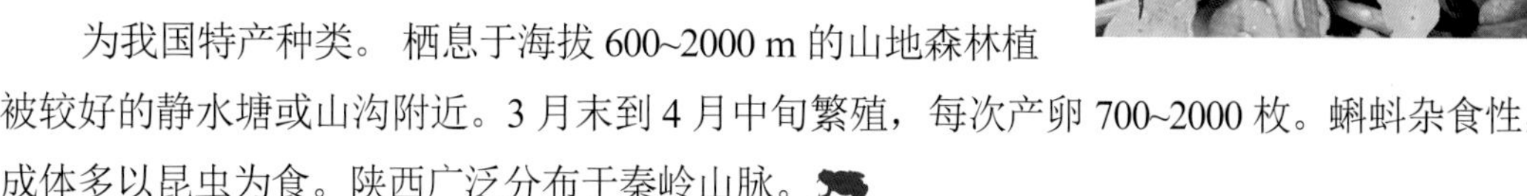

隆肛蛙 *Feirana quadranus*

（Swelled Vent Frog，梆梆）
无尾目 Anura
蛙科 Ranidae
隆肛蛙属 *Feirana*

体较肥硕，雄蛙体长 82 mm，雌蛙体长 90 mm 左右。无声囊，体背呈橄榄绿色而略带黄色，体侧棕黄色并有黑色云斑。颌缘及四肢有清晰的黑色横纹，四肢和腹面为鲜黄色。体背后部、体侧满布疣粒，鼓膜小而不显。后肢长，胫跗关节前达鼻孔前方，趾间满蹼。蝌蚪全长 86 mm，体背面紫褐色而略带绿色，尾部色浅，散有深色斑点；尾末端钝圆。

蝌蚪

生活于海拔 500~1830 m 山区的溪流或沼泽地水坑中 4 月中旬产卵于溪底石块下，卵呈团块状，卵群单层平铺于石块底面。隆肛蛙在秦岭山区属于广泛分布的优势种。

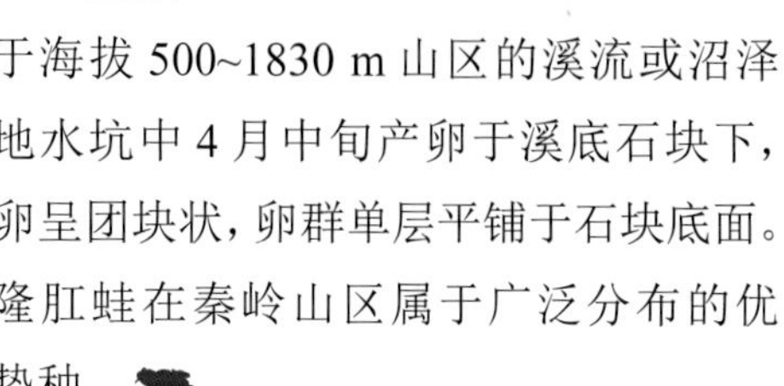

宁陕齿突蟾 *Scutiger ningshanensis*

（Ningshan Alpine Toad）
无尾目 Anura
角蟾科 Megophryidae
齿突蟾属 *Scutiger*

雄蟾体长 51 mm，雌蟾体长 41 mm，体型扁而窄长，头宽略大于头长。吻端钝圆，无鼓膜，瞳孔纵置；体背部疣粒集中，形成断续相连的四纵行，其他部位较为光滑。体背面呈棕褐色，腹面灰色具棕色麻斑；吻端具一近长方形的蓝色斑纹。雄蟾胸部有两对刺团。腹部两侧也具刺疣。肛两侧有一对银白色的隆起。蝌蚪体型中等大小，体背紫褐色，体尾交界处背面有一宽的浅黄色横斑，尾末端较圆。

为我国特产种类。栖于海拔 1970~2550 m 的桦木和云杉林下草丛中，静伏在植被较稀疏的低凹处，行动迟缓。本种数量极少，分布范围不足 5000 hm^2。陕西分布于宁陕、周至、太白县的秦岭山地。

蝌蚪

巫山角蟾 *Megophrys wushanensis*

（Wushan Horned Toad）
无尾目 Anura
角蟾科 Megophryidae
角蟾属 *Megophrys*

体型较小，体长 35 mm 左右。鼓膜近圆形，趾基部有蹼迹。体背面皮肤较光滑，体背红褐色，两眼间三角形斑与其后的“)(”形酱色斑相连，其边缘镶以浅色细纹，吻部有暗褐色纵纹，咽、胸部酱黑色，腹部和四肢腹面酱色。蝌蚪全长 49 mm 左右，口部漏斗状；体尾无斑呈棕褐色，尾鳍色浅，尾末端钝尖。

生活于海拔 1000~1500 m 的小山溪及其附近。蝌蚪栖于溪流缓流处。陕西见于洋县、宁陕的秦岭山地。

秦岭雨蛙　*Hyla tsinlingensis*

（Tsinling Tree Toad，雨蛙）
无尾目 Anura
雨蛙科 Hylidae
雨蛙属 *Hyla*

体型较大，体长在 40 mm 左右；通体绿色，指、趾末端均有吸盘；指基具蹼；鼓膜圆而清晰，约为眼径之半；吻端和头侧有镶细黑线的棕色斑，体侧斑点多；雄蛙有单咽下外声囊。蝌蚪黄绿色，上尾鳍、下尾鳍色浅，具灰色云斑；体肥硕，尾鳍高而薄，尾末端较尖细。

多生活于海拔 930~1770 m 的半山区。白昼多在杂草及灌木丛中，常聚集于灌木下之草丛中，间或鸣叫；晚上则多在秧田四周、河边树丛、麦地、田埂甚至山坡各处鸣叫。蝌蚪多分散于向阳水面的中层。陕西见于周至、洋县、留坝、宁陕、太白、宁强等。

鱼　类
野外识别

拉氏鲅 *Phoxinus lagowskii*

（Lagowski's Minnow，土鱼，沙骨胆）
鲤形目 Cypriniformes
鲤科 Cyprinidae
鲅属 Phoxinus

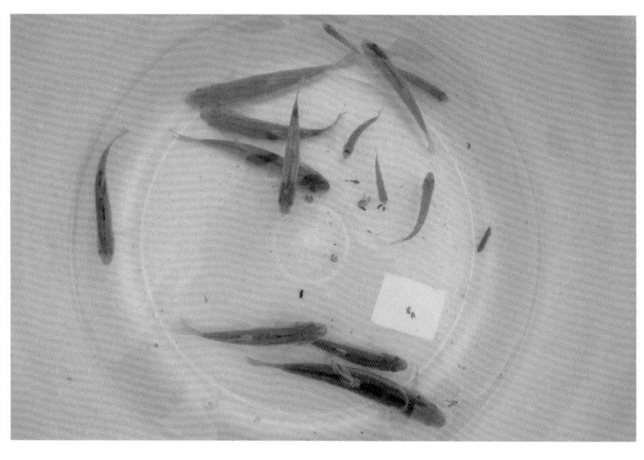

体长 100 mm 左右，体长形，略侧扁，腹浑圆，尾柄侧扁。口弧形，亚下位。口裂较深，其末端达眼前缘。无须，眼大，尾鳍叉状，上下叶等长。鳞小，排列不整齐；侧线完全或不完全。体侧上部深灰黑褐色，间有许多不规则的黑色小斑点，体侧中轴处有一条较宽而显著的黑色纵带；体背部中央有一狭的黑纹。

欧洲和亚洲北部小型鱼类，喜居于流速缓慢的山溪清冷水域。杂食性，主要以水生昆虫、浮游动物、枝角类及水生植物为食。陕西见于黄河水系、渭河流域、汉水、嘉陵江。

宽鳍鱲 *Zacco platypus*

（Pale Chub，桃花板）
鲤形目 Cypriniformes
鲤科 Cyprinidae
鱲属 Zacco

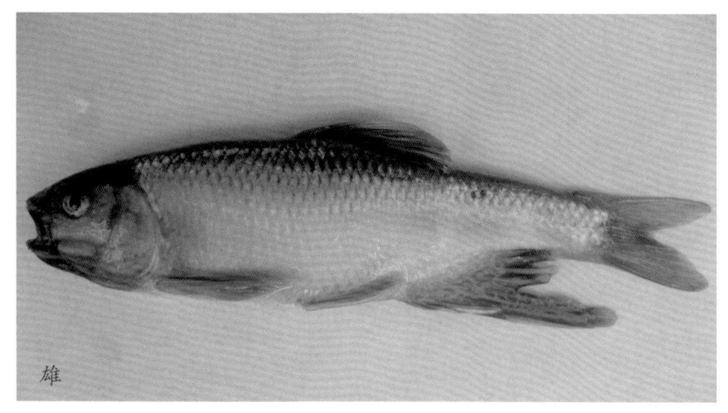
雄

体长 110 mm 左右。体长而侧扁，腹部圆，无腹棱。头较短，口端位。下颌前端有一突起，与下颌前端凹陷处相吻合，下颌两侧平整无凹陷。无须。鳞较大。侧线完全，前端弯向腹方，向后伸至尾柄正中。尾鳍叉形。生殖季节，雄鱼的第 1~4 根分支鳍条特别延长，后伸达尾鳍基部。背部灰黑色，腹部银白色。体侧有 10~13 条银灰色带蓝绿色的垂直条纹。背鳍灰色，胸鳍和腹鳍淡红色，臀鳍灰白色。

生活在水流较急、底质为沙石或泥沙的浅水中。杂食性，主要食水生昆虫，也食藻类、小鱼。生殖季节为 4~6 月。雌鱼在岸边水流缓慢处产卵。卵稍带黏性，淡黄色。秦岭地区各水系的支流小溪中均有分布。

短须颌须鮈

Gnathopogon imberbis

(Shortbarbel Gudgeon，麻鱼)
鲤形目 Cypriniformes
鲤科 Cyprinidae
颌须鮈属 *Gnathopogon*

体长 90 mm 左右。体长而侧扁，头较小，吻钝，吻长大于眼径，口端位。口角有 1 对短须，其长为眼径的 1/4~1/2，末端不达或接近眼前缘。背鳍长小于头长。腹鳍起点与背鳍起点相对或稍后，末端不达臀鳍。肛门紧靠臀鳍起点。尾鳍分叉，上下叶末端稍圆。侧线完全。成鱼体背侧灰黑色，腹部灰白，体侧上部具有数行黑色纵细条纹，体中轴有一条较宽的黑色纵带纹。

小型鱼类，多生活于山涧溪流。秦岭地区各水系分布广泛。

中华花鳅　*Cobitis sinensis*

(Siberian Spiny Loach，花鳅)
鲤形目 Crpriniformes
鳅科 Cobitidae
花鳅属 *Cobitis*

体长 70 mm 左右。体细长而侧扁。头短小，吻端钝，须 3 对，口下位。眼侧上位，几近头顶的中部，眼下刺分叉，末端可达眼球中部。背鳍较长，外缘凸出。尾鳍较宽，后缘截形。体被细鳞，颊部裸露。侧线不完全，仅在胸鳍上方存在。身体呈浅黄色，头部有许多不规则的黑色斑点。吻端至眼、头顶呈一“U”形黑色条纹。体侧有 9 个黑色大斑纹，背部具 12 个马鞍形黑色斑纹。尾鳍基部侧上方有一较大的深黑色斑纹。

小型底栖鱼类，喜在山溪、急流中生活，底质为沙石或泥沙，水质要求清澈。陕西分布于宁陕、太白等县溪流中。

细鳞鲑 *Brachymystax lenok*

（Lenok，闾鱼，梅花鱼）
鲑形目 Salmoniformes
鲑科 Salmonidae
细鳞鱼属 *Brachymystax*

成体

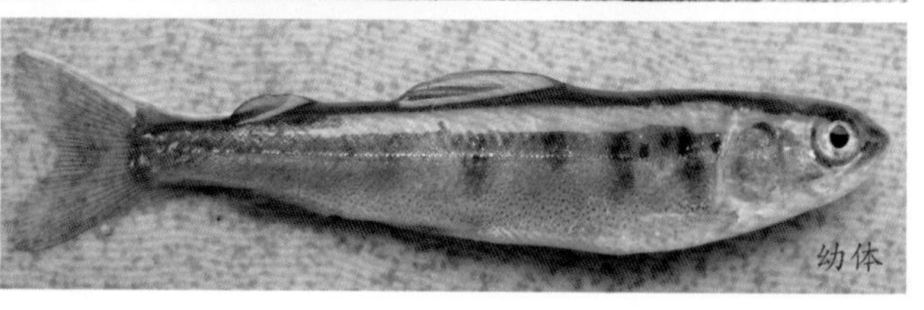
幼体

体长 150 mm 左右。体长而侧扁，吻钝。口下位，上颌骨后伸达眼中央下方，下颌较上颌短，上下颌齿排列成弧形。背鳍外缘倾斜，脂鳍与臀鳍相对，尾鳍叉形。体背深紫色，两侧绛红色或浅紫色，腹侧灰白色。体两侧有 7~8 个较宽的暗色垂直斑带，鱼龄越小，则越清楚。头、体侧有数目不等圆形黑斑，其边缘为淡白色的环纹状。沿背鳍基部有 4~7 个黑斑点，脂鳍上有 2~7 个黑斑。

生活在海拔 900~2300 m 的山涧深潭中，水底多为大型砾石。秋末，在深水潭或河道的深槽中越冬。肉食性，主要食小鱼、水生昆虫。生殖季节为 5~6 月。陕西分布于渭河支流，如千河、黑河等和汉水北侧支流湑水河、子午河，也曾引入宁陕。属于国家 II 级重点保护水生野生动物。

昆虫野外识别

1. 形态特征

昆虫，属节肢动物门、昆虫纲，其主要特征为：①身体分为头、胸、腹 3 个部分；②头部是感觉和取食中心，具有口器、1 对触角、复眼和单眼；③胸部是运动中心，具有 3 对足、2 对翅；④腹部是生殖与代谢的中心，包括生殖系统和大部分内脏。

（1）昆虫头部

昆虫的头部生有主要的感觉和取食器官，包括触角、复眼、单眼和口器等。

1）口器：因食性不同，昆虫主要口器类型有：咀嚼式口器（如鞘翅目的甲虫，直翅目的蝗虫等）、虹吸式口器（如鳞翅目的蝶、蛾）、刺吸式口器（如双翅目的蚊等）、舐吸式口器（如双翅目的多数蝇类），刺舐式口器（如双翅目的牛虻等）、捕吸式口器（如脉翅目的蚁狮等）、嚼吸式口器（如膜翅目的蜂类），锉吸式口器（如缨翅目的蓟马）。

2）触角：昆虫触角形态变化非常大，可分为线状、锯齿状、念珠状、栉齿状、羽毛状、环毛状、球杆状、锤状、膝状（肘状）、鳃叶状、刚毛状、具芒状等。

3）复眼：复眼是由许多小眼组成的视觉器官，小眼一般呈六角形，不同昆虫复眼的小眼数目有数个到数万个。

4）单眼：具有单眼的昆虫，其单眼数目一般为 1~3 枚，位于复眼之间。单眼只能感受光线的强弱。

（2）昆虫的胸部

昆虫的胸部是运动功能的中心，分为 3 节，每节有 1 对足，后两节有 2 对翅。

1）胸足：昆虫的前胸、中胸和后胸各具足 1 对。胸足由 6 节组成，即基、转、股、胫、跗及前跗节（爪）；跗节又可分 1~5 节，常作为分类的依据。由于执行不同的功能，足也相应发生了变化。胸足的主要类型有：步行足（如鞘翅目的步甲）、跳跃足（如直翅目蝗虫的后足）、捕捉足（如螳螂目螳螂的前足）、开掘足（如直翅目蝼蛄的前足）、携粉足（如膜翅目蜜蜂的后足）、游泳足（如鞘翅目龙虱的后足）、抱握足（如鞘翅目雄性龙虱的前足）、攀援足（如虱目的虱）。

2）翅：低等的昆虫 (无翅亚纲) 均无翅，而大多数昆虫 (有翅亚纲) 的成虫，在中胸和后胸的背面生有 2 对翅。有翅亚纲中，寄生种类 (如虱、蚤等) 往往翅退化，为次生性无翅；少数种类也有无翅型 (如某些蚜虫等)。随着生活方式和生活环境不同，翅发生了很大的变化，常见的类型有：膜翅（如膜翅目的蜂类）、革翅（如革翅目的蠼螋）、覆翅（如直翅目的蝗虫、螽斯等）、半翅（如半翅目的蝽类）、鳞翅（如鳞翅目的蝶、蛾）、鞘翅（如鞘翅目的各种甲虫）、毛翅（如毛翅目的石蛾类）、平衡棒（如双翅目蚊、蝇等的后翅）。

（3）昆虫的腹部

昆虫的腹部是代谢与生殖的中心，大部分消化系统、全部生殖系统都位于腹部内。腹部末端还具有外生殖器和一对尾须。

1）外生殖器：雄性外生殖器一般不显著，但长翅目的雄性蝎蛉腹末有蝎尾状的生殖囊。雌性外生殖器一般可见部分为产卵器，呈刀状、针状等。

2）尾须：一般柔软多节，有时特化为坚硬的尾铗（如革翅目的蠼螋）。

2. 昆虫发育

昆虫的一生需要经历形态和构造上阶段性的剧烈变化，即变态。变态大致分为 5 种类型。①增节变态，幼虫期及成虫期间除身体大小和器官发育程度有差别外，腹部由 9 节变为 12 节，体节数量逐渐增加，如原尾纲的原尾虫。②表变态，在幼虫时基本与成虫形态相同，只是在生长发育过程中，性器官逐渐成熟，触角、尾须节数不断增加，个体大小有些变化，如弹尾纲的跳虫。③原变态，幼虫变为成虫要经过亚成虫期，相当于成虫期继续蜕一次皮，如蜉蝣目的蜉蝣。④不完全变态，又分为 3 类：a. 渐变态，如蝗虫的幼虫期为若虫，身体结构、生活方式与成虫相似；b. 半变态，幼期水生，特称稚虫，成虫与稚虫在身体结构和生活方式上差别很大，如蜻蜓目昆虫；c. 过渐变态，在若虫与成虫之间有一个不吃不动的类似蛹的时期，如缨翅目的蓟马。⑤完全变态，如家蚕由卵中孵出的幼虫，经吐丝结茧之后再经蜕皮而化为蛹，蛹羽化后为蚕蛾。蚕、蛹、蚕蛾三者不但形态极不相同，在行为、生理和生态方面也颇不相同。

3. 昆虫的采集

采集之前首先了解昆虫的生活习性（寄主、食性、活动规律性等）和环境特点，从而使采集工作获得较大的收获。由于大部分昆虫具有保护色和拟态，因此要细心地观察周围的环境，并利用昆虫不同的习性采用不同的方法进行采集。在野外，常用的工具主要有捕虫网（包括空网、扫网、水网和刮网）、吸虫管、诱虫灯、黑光灯、毒瓶和三角纸袋等。

常见昆虫的采集方法如下。

（1）网捕法

善于飞行或跳跃的双翅目、鳞翅目、直翅目和膜翅目昆虫多使用网捕。在搜寻昆虫时注意路边水坑、流水岩壁、盛开鲜花、流汁的大树、熟透的水果等。对于蝶类，应选择天气晴朗的中午前后进行网捕；而蝗虫、蚱蜢、螽斯、蟋蟀等直翅目昆虫多栖息在草丛里，可用扫网，采集时间是在早晨或雨后。采集中要及时对准目标挥动捕虫网，目标进入网内后迅速翻转捕虫网，使网袋末端翻折至网圈上，防止目标逃跑。

（2）诱捕法

利用昆虫的各种趋性采集昆虫标本，如蚜虫等昆虫具有趋黄的特性，可采用黄板诱集；果蝇采用发酵的水果进行食物诱集。诱捕法主要包括灯光诱捕、食物诱捕、信息素诱捕、颜色诱捕等。在秦岭火地塘，多用灯光诱捕。夜间在野外较开阔处挂黑光灯，灯下挂一白色幕布，可诱来大量蛾子、甲虫停息在幕布上，可用网捕或大口瓶罩住捕捉。

（3）震落法

许多昆虫都有假死习性，当其躲藏在植物中不易发现时，可在植物下垫一块白布或雨伞，敲打、摇晃植物，使其掉落后采集。

（4）徒手法

徒手法即用手直接捕捉，如在河岸边、小溪石块下捕捉蜻、蜓、蜉蝣、龙虱等稚虫和成虫等。在工具不全或来不及使用工具时可以采用，但对昆虫认知不够，不能判断目标是否有毒或有其他危险时，谨慎采用。

4. 昆虫鉴定

根据昆虫的形态特征，依据经验或野外手册、教科书、检索表等进行初步鉴定；如需要进一步准确鉴定，可采回制作成标本，进一步参照某一目的专著、图鉴等，鉴定昆虫的科、属、种。

5. 常见昆虫各目特征

（1）蜉蝣目 Ephemeroptera

最原始的有翅昆虫。体小至中型，体壁柔软。复眼发达，单眼 3 个。触角短，刚毛状；咀嚼式口器，但上颚、下颚退化，没有咀嚼能力。翅膜质，翅脉网状，翅脉原始，休息时竖立在身体背面。腹部末端两侧着生1对长的丝状尾须，有时还有一根长的中尾丝。原变态。成虫不取食，寿命极短，只能存活数小时，多则几天。稚虫水生，腹部具气管鳃。具有形似成虫、能飞行的亚成虫期。

（2）蜻蜓目 Odonata

原始的有翅昆虫。体中型至大型，体壁坚硬，色彩艳丽；头大，能活动，复眼极发达。单眼3个；触角短，刚毛状；咀嚼式口器。中后胸愈合成强大的合胸；翅2对，狭长，膜质透明，前翅、后翅近等长，翅脉网状，有翅痣和翅结，休息时平伸或直立。半变态。稚虫水生，下唇特化为捕食用的面罩。利用直肠鳃或尾鳃呼吸。

（3）螳螂目 Mantodea

体中到大型，头大，三角形；触角长，丝状；口器咀嚼式；前胸极长，前足捕捉式，基节很大，胫节可折嵌于股节的槽内，状如铡刀，中足、后足为步行足；前翅为覆翅，后翅膜质，臀区大；后胸上有听器；尾须1对。渐变态。

（4）襀翅目 Plecoptera

中小型，细长、柔软。复眼发达，单眼3个；触角丝状，至少等于体长一半；口器咀嚼式，上颚正常或痕迹状；前胸大，方形；翅膜质，前翅狭长，后翅臀区发达，翅脉多，变化大，中肘脉间多横脉，休息时翅平展在虫体背面；跗节3节；尾须长，丝状；半变态。卵产于水中；稚虫水生，跗节3节，尾须长，无中尾丝，有气管鳃。

（5）竹节虫目 Phasmatodea

体中至大型，体躯延长呈棒状或阔叶状；头前口式，口器咀嚼式，复眼小，单眼2个或3个或无；后胸与腹部第1节常愈合，腹部长，环节相似，尾须不分节；足跗节3~5节；前翅短，皮革质，后翅膜质，有大的臀区，有些种类无翅。渐变态。

（6）直翅目 Orthoptera

小至大型；头下口式，口器为典型的咀嚼式。触角较长，多节。复眼发达，通常单眼3个。前胸发达，中胸、后胸愈合。前翅为覆翅，通常狭长，翅脉明显，但有的种类退化成鳞片状。后翅膜质。有的种类前后翅均退化。一般后足粗壮适于跳跃。雌性多具发达的产卵器，雄性一般有发音器。

（7）半翅目 Hemiptera

成虫前翅基半部革质，端半部膜质，为半鞘翅；革质部又常分革片、爪片、缘片、楔片等部分。常有臭腺。体扁平。口器刺吸式，喙多为4节，也有3节及1节者。触角多为丝状；前胸背板大，中胸小盾片发达。足3对，一般为步行足。腹部9~11节，通常10节，无尾须。

原同翅目 Homoptera 现已归入半翅目，全为植食性。头后口式，刺吸式口器从头部

后方伸出；触角丝状或刚毛状；翅两对，前翅质地均一，休息时呈屋脊状置于体背；有些种类有短翅或无翅。跗节 1~3 节；尾须消失；雌性常有发达的产卵器；许多种类有蜡腺，但无臭腺。

（8）鞘翅目 Coleoptera

小到大型。体躯坚硬。上颚一般发达。复眼发达，一般缺单眼。触角一般 11 节。前胸大，能活动；前胸背板自成一骨片；足多变化，跗节 1~5 节。前翅特化为角质鞘翅，坚硬且无翅脉；后翅膜质，通常隐藏于鞘翅下。腹部变化大，一般 10 节。幼虫完全变态，有胸足 3 对，缺腹足，口器咀嚼式，单眼 1~6 对，单独或成群排列在头部两侧。

（9）广翅目 Megaloptera

体中型至大型，头前口式，咀嚼式口器；触角丝状多节，也有呈念珠状或栉齿状；复眼发达，单眼 3 个，有时消失。前胸方形；翅大，膜质，休息时呈屋脊状，或平置于腹部背面；翅脉多分支，网状，但在翅缘不分叉；后翅略小于前翅，基部有发达的臀区。全变态，幼虫衣鱼形，胸足发达，有爪 1 对；头前口式，咀嚼式口器；腹部 10 节，有 7~8 对腹足。

（10）脉翅目 Neuroptera

一般中小型。头下口式，复眼大，相隔较远；复眼有或无；触角形状不一；口器为简单的咀嚼式。前胸一般短，不呈四方形，可与广翅目区别，也不细长如颈，可与蛇蛉目区别。翅 2 对，膜质，形状、大小和翅脉均相似，脉相复杂如网状，各脉到翅缘多分为小叉。足短而细，跗节 5 节，一般有爪 1 对。腹部圆柱形，一般细长，缺尾须。全变态。幼虫衣鱼型或蠕虫型，头为前口式，咀嚼式口器，上颚与下颚左右各合成尖锐的长管，适于穿刺其他昆虫，取食其体液。

（11）蛇蛉目 Rhaphidioptera

体细长，中到大型。头后部缢缩，活动自如；触角长，丝状；口器咀嚼式；复眼大，单眼 3 个或无。前胸极度延长，呈颈状；两对翅相似，透明，翅脉网状。雌虫有发达的产卵器。完全变态。幼虫陆生，有分节的触角，发达的胸足，但腹部无突起或附肢。

（12）长翅目 Mecoptera

成虫体中型，细长。头向腹面延伸成喙状；口器咀嚼式，位于喙的末端；触角长，丝状。翅两对，膜质，前后翅大小、形状和脉序相似，翅脉接近原始脉象；有时翅退化或消失。尾须短，雄性有显著的外生殖器，在蝎蛉科中膨大成球状，并上举，状似蝎尾。完全变态。卵圆形，散产或单产。幼虫蠋式或蛴螬型。

（13）毛翅目 Trichoptera

成虫小到中型，蛾状；口器咀嚼式，退化，仅下颚须和下唇须显著；复眼发达，单眼有或无；触角丝状；前翅略长于后翅，有时远长于体；翅和体上通常被细毛，休息时翅呈屋脊状覆于体背，翅脉接近原始脉序；足细长，跗节 5 节。完全变态。

（14）鳞翅目 Lepidoptera

体小到大型；虹吸式口器，由下颚的外颚叶特化形成，上颚退化或消失；完全变态；体和翅密被鳞片和毛；翅 2 对，膜质，各有一个封闭的中室，翅上被有鳞毛，组成特殊的斑纹，在分类上常用到；少数无翅或短翅型；跗节 5 节；无尾须；全变态。幼虫多足型，除 3 对胸足外，一般在第 3~6 腹节及第 10 腹节各有腹足 1 对，但有减少及特化情况，腹足端部有趾钩。

（15）双翅目 Diptera

小至中型，口器刺吸式、舐吸式或刺舐式，仅有一对发达的膜质前翅，后翅特化成平衡棒，少数种类无翅，跗节 5 节。头小，复眼大，常占头部的大部分。单眼 3 个或无。前胸、后胸小，中胸极为发达，背面几乎全部为中胸背板所占据。足一般有毛，胫节有距 1~3 个；跗节 5 节，有爪和爪垫各 1 对。爪间突刚毛状或缺如。腹部环节明显，第 1、第 2 节常退化而不易见，第 6~10 节形成产卵管，腹部有气门 8 对。

（16）膜翅目 Hymenoptera

该目昆虫具翅 2 对，膜质，有些类群的翅脉显著退化；后翅小于前翅，前缘中央有 1 列小钩与前翅后缘连接。口器咀嚼式或嚼吸式。有时腹部第 1 节向前并入胸部常于第 2 节间形成细腰。雌性常有锯齿状或针状产卵器。全变态。有的种类，如蜜蜂、蚁等有发达的社会性。

红蜻 *Crocothemis servilia*

（Red Dragonfly，红蜻蜓）
蜻蜓目 Odonata
蜻科 Libellulidae
红蜻属 *Crocothemis*

较小的蜻，腹长 28~32 mm，翅展 65~70 mm。雄性前胸褐色，合胸红色，无斑纹；翅透明，翅痣橙黄色；前后翅基部均有红斑；腹部红色，背面中央具 1 黑线；雌性前后翅基部有黄斑，腹部黄色。初羽化雌成虫、雄成虫均黄色。

常活动于开阔的水边，飞行迅速，捕食各种小昆虫。秦岭广布，火地塘林场见于长安河附近。

中华大刀螳 *Tenodera sinensis*

（Praying Mantis，大刀螳螂）
螳螂目 Mantodea
螳科 Mantidae
刀螳属 *Tenodera*

体长 70~80 mm，暗褐色或绿色。头三角形，复眼大而突出。前胸背板前端略宽于后端，前端两侧具有明显的齿列，后端齿列不明显；前半部中纵沟两侧排列有许多小颗粒，后半部中隆起线两侧的小颗粒不明显。前翅前缘区较宽，草绿色，革质。后翅略超过前翅的末端，黑褐色，前缘区为紫红色，全翅布有透明斑纹。雌性腹部较宽。

活动于农田、路边、疏林下，捕食其他昆虫。成虫 8~9 月羽化。成虫有微弱的趋光性。秦岭广布。

日本蚱

Tetrix japonica

（Grouse Locust，日本菱蝗）
直翅目 Orthoptera
蚱科 Tetrigidae
蚱属 *Tetrix*

体小，近菱形；颜面隆起呈沟状；前胸背板发达，后延超过腹部末端，中隆线明显，前端屋脊状，中后端具深色斑纹，有多种变异型；前翅退化成鳞片状。跗节 2-2-3，后足跗节基节长于端节。

生活于林缘、公路边的草丛中，善跳跃、飞行。秦岭各地广布。

中华寰螽

Atlanticus sinensis

（Katydid-Bush-cricket）
直翅目 Orthoptera
螽斯科 Tettigoniidae
寰螽属 *Atlanticus*

中型螽斯，体长 35 ~ 45 mm，体短粗，灰褐色，前胸背板两侧色淡。雄性前胸背板侧延部分黑色，短翅，露出数节腹节；雌性完全无翅，每节腹背板中央具 1 深色斑，产卵器发达呈刀状。

成虫 7~8 月活动于山地林下、灌木丛中。夜晚较活跃，雄性善鸣叫，具趋光性。秦岭广布。

佩带畸螽

Teratura cincta

（Katydid）
直翅目 Orthoptera
蚤螽科 Meconematidae
畸螽属 *Teratura*

小型螽斯，较为纤弱；体杂色，具褐色、黄褐色杂斑。触角长于体长，暗色，具淡色环纹；前胸背板背面褐色，后缘黑褐色；侧片淡褐黄色，下缘具暗褐色边。前翅和后翅端部淡灰褐色，具不明显的暗色斑点和条纹；纵脉绿色或黄色，横脉白色。足具暗色环纹。

成虫 7~8 月活动于林下灌木丛中，秦岭南坡分布。

安露螽

Anisotima chinensis

（Katydid）
直翅目 Orthoptera
露螽科 Phaneropteridae
安露螽属 *Anisotima*

体淡绿。触角暗褐色，具稀疏的黄白色环；前翅树叶状，具隆起的脉纹，基部暗色；后翅长于前翅，端部外露。雌性产卵瓣短而宽，侧扁，弯镰形。

成虫 5~7 月活动于山地林下、灌木丛中，雄性善鸣叫，有趋光性。分布于秦岭南坡。

素色杆蟋螽

Phryganogryllacris unicolor

（Leaf-rolling Cricket, Wolf cricket）
直翅目 Orthoptera
蟋螽科 Gryllacrididae
杆蟋螽属 *Phryganogryllacris*

体长 30~40 mm，体色黄褐色至红褐色；头部圆形，橙红色，触角长于体；翅长超过腹部末端；足粗壮，各胫节具成列的长刺。

栖息于山地林下、灌木丛中，行动较为迟缓，有趋光性。分布于秦岭南坡山区。

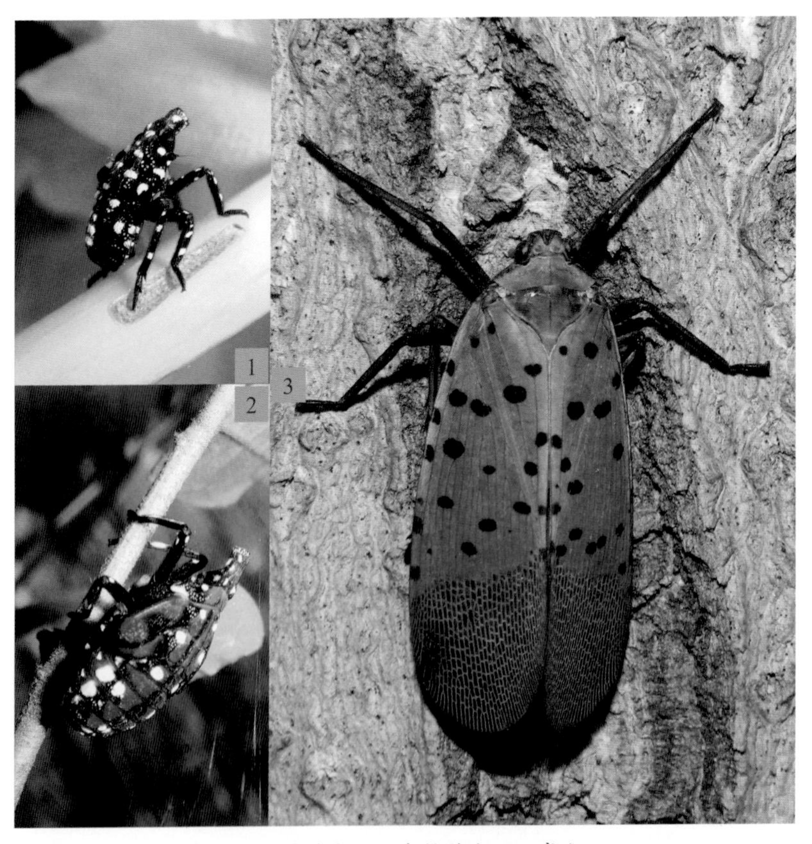

1. 低龄若虫；2. 末龄若虫；3. 成虫

斑衣蜡蝉

Lycorma delicatula

（Planthopper，花姑娘）
半翅目 Hemiptera
蜡蝉科 Fulgoridae
斑衣蜡蝉属 *Lycorma*

翅展 35~50 mm，全身灰褐色；前翅革质，基部约 2/3 为淡褐色，翅面基部 2/3 散布圆形黑斑，端部 1/3 具密集的脉纹；后翅膜质，基部鲜红色，有黑点，端部黑色。体翅表面覆有白色蜡粉。若虫体型似成虫，一至三龄为黑色带白色斑点，四龄体背呈红色，具有黑白相间的斑点。

寄主为臭椿属（*Ailanthus*）植物等。善跳跃，成虫可短距离飞行。秦岭广布。

松寒蝉

Meimuna opalifera

（Cicada，知了）
半翅目 Hemiptera
蝉科 Cicadidae
寒蝉属 *Meimuna*

体长 35~40 mm。头顶中央具有较宽的横带，单眼区、复眼内侧斑纹及顶前侧区均为黑色。前胸背板橄榄绿色，具黑色纵纹；腹部腹面黑色，被白色蜡粉；腹瓣基部宽大，端部尖锐，指向外侧，达第 4 腹节。

6~8 月羽化，雄性常于树上鸣叫。有一定趋光性。秦岭山区广布。

小斑红蝽

Physopelta gutta

（Largid Bug）
半翅目 Hemiptera
红蝽科 Largidae
斑红蝽属 *Physopelta*

体长 10~15 mm。窄椭圆形，体被半直立浓密细毛。触角第 4 节基半部黄白色。前翅革片黄褐色，密布刻点；中央各具 1 枚圆形黑色斑，革片端部具不完整圆形褐斑。膜片黑褐色。前足股节稍粗大，腹面近端部有 2~3 个刺。

活动于草丛、灌丛中，成虫具趋光性。秦岭广布。

异足竹缘蝽

Notobitus sexguttatus

（Coreid Bamboo Bug，竹臭虫）
半翅目 Hemiptera
缘蝽科 Coreidae
竹缘蝽属 *Notobitus*

体长 18~22 mm。全身黑褐色稍带绿色金属光泽。触角第 4 节基半部浅黄绿色。前足及中足胫节颜色较浅；雄性后足胫节基半部弯曲，并在近中部腹面具 3 个显著小齿。

吸食嫩竹和竹笋汁液；常群聚于嫩竹和竹笋上。受惊扰时能喷出恶臭液体。秦岭南坡竹林分布。

点蜂缘蝽

Riptortus pedestris

（Ant Bug）
半翅目 Hemiptera
蛛缘蝽科 Alydidae
蜂缘蝽属 *Riptortus*

体长 15~17 mm，狭长，黄褐至黑褐色，被白色细绒毛。头在复眼前部，呈三角形，后部细缩如颈。触角第 1 节长于第 2 节，第 1、第 2、第 3 节端部稍膨大，第 4 节基部 1/4 处色淡。头、胸部两侧有黄色点斑或消失。足与体同色，胫节中段色淡，后足腿节粗大，腹面具 4 个较长的刺和几个小齿。若虫拟态蚂蚁。

生于农田、路边，寄主多为豆类。若虫群集于嫩茎上吸食汁液，成虫善飞行。秦岭广布。

中国螳瘤蝽

Cnizocoris sinensis

（Ambush Bug，华螳瘤蝽）
半翅目 Hemiptera
瘤蝽科 Phymatidae
螳瘤蝽属 *Cnizocoris*

雌

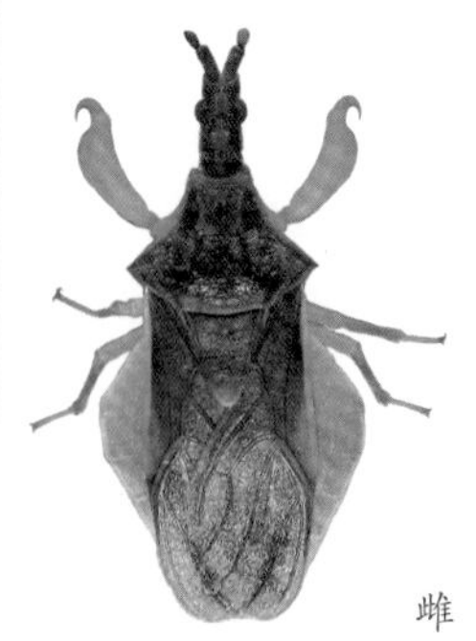
雌

体长 9~12 mm，腹宽 4~5 mm，体呈窄椭圆形。触角短棒状，头面、体表密生细小瘤突。前胸背板六边形，两边有角状突起，中域有 2 条显著纵脊。前足特化为捕捉足，胫节向腿节弯曲，呈镰刀状，腿节扩大，具刺。腹部两侧叶状扩展。

生于灌木、草丛，常在植物上伏击、取食小昆虫。秦岭广布。

东方巨齿蛉

Acanthacorydalis orientalis

（Dobsonfly）
广翅目 Megaloptera
齿蛉科 Corydalidae
巨齿蛉属 *Acanthacorydalis*

雄　雌

雌雄异形，雄性体长 70~100 mm，上颚十分发达而前伸；雌性体型稍小，上颚短小。头部宽大，后头收缩如颈，头两侧各有一刺状突，头顶还有一对齿状突起。触角线状细长。前胸筒状。翅淡褐色，半透明，散布不规则褐色斑，翅脉深褐色。后翅臀区很宽，褐斑较少。幼虫腹部 1~8 节侧面各具一对气管鳃，腹部末端有 1 对钩状臀足。

生于环境良好的山区溪流，幼虫水生。成虫有很强的趋光性。主要以毛虫、蠕虫等为食。分布于秦岭南坡，火地塘林场常见。

二者生存环境、习性、分布均相似。

碎斑鱼蛉

Neochaoliodes parasparsus

（Fishfly）
广翅目 Megaloptera
齿蛉科 Corydalidae
斑鱼蛉属 *Neochaoliodes*

体长 30~ 40 mm。头部暗黄色，触角为栉齿状（雄性）或锯齿状（雌性）。前胸背板大部分黑褐色，前缘和后缘暗黄褐色。翅无色透明，具大量褐色碎斑纹。幼虫如东方巨齿蛉，体型较小。

生于环境良好的山区溪流，幼虫水生。成虫有很强的趋光性。主要以毛虫、蠕虫等为食。分布于秦岭南坡，火地塘林场常见。

汉优螳蛉

Eumantispa harmandi

（Mantidfly）
脉翅目 Neuroptera
螳蛉科 Mantispidae
优螳蛉属 *Eumantispa*

前足特化为捕捉足，除基节外均为红色。前胸背板前端膨大，呈红色的心形。腹部节间具红色斑纹。翅透明，脉网状，翅痣红色，翅展 42~50 mm。

生于环境良好的森林地区。成虫 7~8 月出现，捕食各类小昆虫。幼虫寄生于蜘蛛卵囊中。秦岭广布。

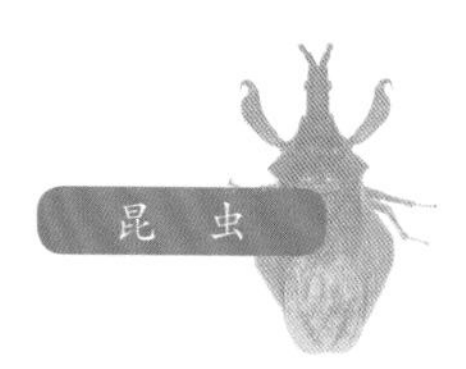

孙悟空步甲

Carabus sunwukong

（Ground Beetle）
鞘翅目 Coleoptera
步甲科 Carabidae
大步甲属 *Carabus*

雄

幼虫

体长 25~28 mm。暗褐色，有铜色光泽。前胸背板两侧扩大，具窄缘折，表面有不规则的刻点。鞘翅具成列的长形突起，两翅紧密结合；后翅退化。雄性前足跗节膨大。

生活于环境良好的林下地表。夜行，捕食蜗牛、小昆虫，兼腐食。秦岭南坡分布。

大星步甲

Calosoma maximowiczi

（Ground Beetle，黑广肩步行虫）鞘翅目 Coleoptera 步甲科 Carabidae 星步甲属 *Calosoma*

体型宽大，体长 23~35 mm，全身黑色。肩角宽于胸部，肩后膨阔，鞘翅有纵向刻点沟 16 列。足细长，雄性中足胫节较雌性稍弯曲，前足跗节基部 3 节膨大，腹面有毛垫。

生于森林、公路、农田。地表活动，夜行性。捕食各种小昆虫，如鳞翅目幼虫。秦岭广布。

雌

红胸丽葬甲

Necrophila brunnicollis

（Carrion Beetle，双色丽葬甲）
鞘翅目 Coleoptera
葬甲科 Silphidae
丽葬甲属 *Necrophila*

体宽扁，近圆形，体长 18~24 mm。触角端部 4~6 节锤状，末端 3 节被银灰色微毛。前胸背板橘红色，盘区有时棕黑色、边缘橘红色。鞘翅的肋隆起明显。雄性腹部腹板和腿节被暗色柔毛。腹部末端 2~3 节超出鞘翅。体腹面及腹部背板具蓝色金属光泽。

尸食性。活动于动物尸体上，包括脊椎动物、大型节肢动物等，被捕捉时能呕吐恶臭液体进行防御。秦岭广布，火地塘林场火地沟常见。

黑覆葬甲 *Nicrophorus concolor*

（Carrion Beetle，黑葬甲）
鞘翅目 Coleoptera
葬甲科 Silphidae 覆葬甲属 *Nicrophorus*

结实浑厚，体长 24~40 mm。头部黑色，触角端部锤状，末端 3 节橘黄色。前胸背板光裸、近圆形，盘区显著隆起；腹部各节背板端部具一些分散的暗褐色刚毛；腹面几乎光裸；后足胫节弯曲。

尸食性。活动于动物尸体上，被捕捉时能呕吐恶臭液体进行防御。成虫具趋光性。秦岭广布。

滨尸葬甲

Necrodes littoralis

（Carrion Beetle，亚洲尸葬甲）
鞘翅目 Coleoptera
葬甲科 Silphidae
尸葬甲属 *Necrodes*

雄

体黑色，体长 17~35 mm。触角末端橘黄色，其余均黑色。鞘翅末端近平截。雄性后足腿节膨大，腹面具一排小齿；雌性腿节较细。

尸食性。活动于动物尸体上，被捕捉时能呕吐恶臭液体进行防御。成虫具趋光性。秦岭广布。

斑股深山锹甲

Lucanus dybowski dybowski

（Stag Beetle，斑股锹甲）
鞘翅目 Coleoptera
锹甲科 Lucanidae
深山锹甲属 *Lucanus*

雌雄异形。雄性体长 35~75 mm，体色深褐至黑色，通体密被黄褐色柔毛。上颚发达，鹿角状；头后部形成发达的耳状突。触角膝状，端 4~6 节为栉状的鳃片部。雌性黑色近无毛，上颚短而有力。雌雄各足股节具红色大斑，故得名。

生于环境良好的山区森林。幼虫以朽木为食；成虫吸食液体食物，如树汁、发酵的水果等。成虫具强趋光性。秦岭广布。

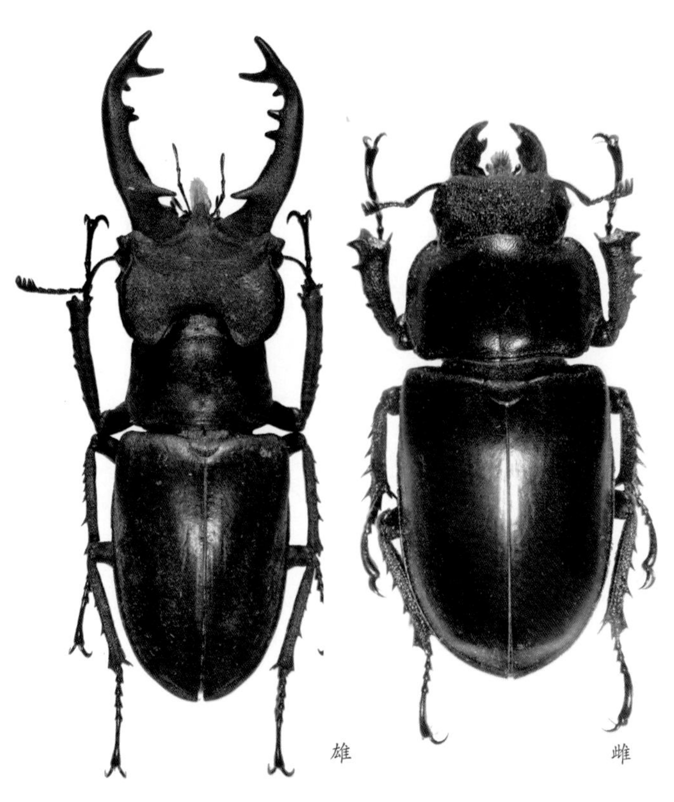
雄 雌

双叉犀金龟

Allomyrina dichotoma

（Rhinoceros Beetle，独角仙）
鞘翅目 Coleoptera
犀金龟科 Dynastidae
叉犀金龟属 *Allomyrina*

体大而强壮，背面十分隆拱；体长 40~80 mm。体栗褐到深棕褐色。头部较小，雄性头顶生有末端二回分叉的角突，前胸背板中央生有末端分二叉的角突。雌性体型略小，头胸上均无角突，前胸背板背面较为粗糙。幼虫粗大，呈“C”形弯曲。

幼虫以朽木、腐殖质为食，多生活于腐朽树根、腐殖土中。成虫以发酵的树汁、水果为食，具强趋光性。成虫 6~8 月出现。秦岭广布，在受到干扰较少、林分老熟的林区多见。

粗绿彩丽金龟

Mimela holosericea

（Shining Leaf Chafer）
鞘翅目 Coleoptera
丽金龟科 Rutelidae
彩丽金龟属 *Mimela*

体长 16~20 mm，全体金绿色，具光泽。前胸背板中央具纵隆线，前缘弧形弯曲，前侧角锐角形，后侧角钝，后缘中央弧形伸向后方；小盾片钝三角形。鞘翅具纵肋，第 1 纵肋粗直且明显，第 2、第 3、第 4 纵肋则渐细。腹面及腿节紫铜色，生白色细长毛。爪 2 枚，一大一小。

生于山区森林、农田。幼虫居土壤中，取食植物地下部分。成虫取食叶片，具强趋光性。秦岭广布。

棉花弧丽金龟 *Popillia mutans*

（Blue Cock Chafer）
鞘翅目 Coleoptera
丽金龟科 Rutelidae
弧丽金龟属 *Popillia*

小型丽金龟，体长 9~14 mm。体蓝黑、墨绿、暗红或红褐色，带强烈金属光泽。前胸背板隆拱，在小盾片前方弧形凹缺。鞘翅向后收狭，背面具 6 条粗刻点沟。臀板露出，无毛斑，稀具毛。

生于森林、农田。幼虫居土壤中；成虫 5~8 月出现，取食植物花、叶。秦岭广布。

蓝边矛丽金龟 *Callistethus plagiicollis*

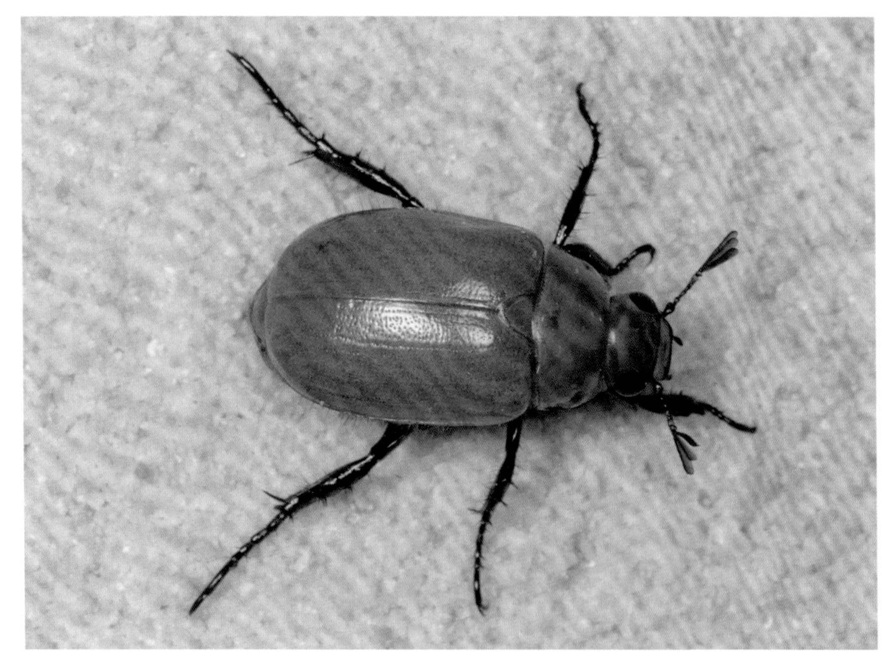

（Shining Leaf Chafer，黑脚金龟）
鞘翅目 Coleoptera
丽金龟科 Rutelidae
矛丽金龟属 *Callistethus*

体长 12~16 mm。全身具金属光泽，体背浅黄褐色，腹面及足黑蓝色或铜绿色。前胸腹面具强大的矛状突。臀板黄褐色。全体光滑无毛。

生于山区森林、农田。幼虫居土壤中，取食植物地下部分；成虫取食叶片。具强趋光性。秦岭广布。

大云斑鳃金龟 *Polyphylla laticollis*

（Garden Chafer，大云鳃金龟）
鞘翅目 Coleoptera
鳃金龟科 Mololonthidae
云鳃金龟属 *Polyphylla*

体长 30~40 mm。长椭圆形，背面相当隆拱。体色为栗褐至深褐色；头、前胸背板及足色泽常较深；鞘翅色较淡，具白或乳白色鳞片组成的斑纹；小盾片密被厚实白色鳞片。触角 10 节，雄性鳃片部为长而宽阔的 7 节；雌性鳃片部为短小的 6 节。

生于山区森林、农田。4 年 1 代，6~7 月出现成虫。幼虫多栖于沿河沙地、林间砂壤土中，取食植物地下部分。雄性趋光性明显强于雌性。秦岭广布。

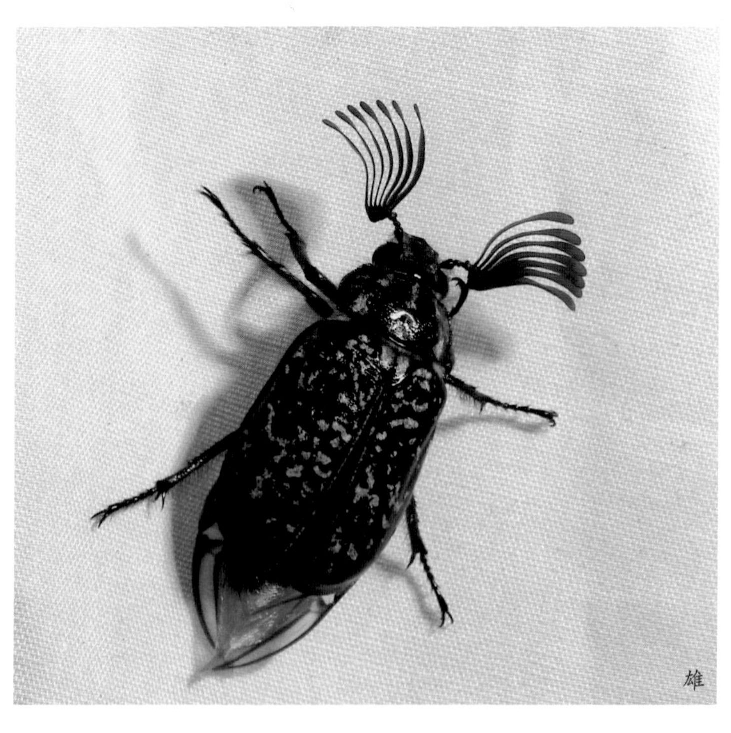

小云斑鳃金龟 *Polyphylla gracilicornis*

（Garden Chafer，小云鳃金龟）
鞘翅目 Coleoptera
鳃金龟科 Melolonthidae
云斑鳃金龟属 *Polyphylla*

似大云斑鳃金龟，但体型明显更小。体长 24~28 mm，长椭圆形，茶褐或赤褐色。触角 10 节，雄性鳃片部为长而宽阔的 7 节；雌性鳃片部为短小的 6 节。鞘翅褐色，密布不规则的白色或黄色鳞状毛，呈云斑状。

生于山区森林、农田。3~4 年 1 代。幼虫居土壤中，喜丰富有机质，取食植物地下部分。7~8 月成虫出现，雄性有很强的趋光性。秦岭广布。

斑单爪鳃金龟

Hoplia aureola

（Monkey Beetle）
鞘翅目 Coleoptera
鳃金龟科 Melolonthidae
单爪鳃金龟属 *Hoplia*

体长 6~8 mm。体黑褐色，前胸背板 2~4 个大黑斑，鞘翅浅棕色，每翅具 6~7 个黑褐色鳞片斑。腹面鳞片具黄金至白金色光泽。前足胫节 2 爪，1 大 1 小，大爪顶端 2 裂；后足长，跗端仅具爪 1 枚，向前勾曲。

访花昆虫，成虫 6~7 月出现。受扰时常翘起后足，或假死跌落。秦岭山区广布，火地沟的珍珠梅灌丛中常见。

巨窗萤

Pyrocoelia amplissima

（Firefly）
鞘翅目 Coleoptera
萤科 Lampyridae
窗萤属 *Pyrocoelia*

雄性体长 18 mm 左右。头黑色，完全缩于前胸背板下。触角呈黑色的锯齿状。前胸背板橙黄色，宽大，前缘眼上方有一对大型月牙形透明斑。鞘翅黑色，柔软，末端不相接。腹部橙红色。发光器小，乳白色，梯形，位于第 7 腹节中央。

生活于环境未受干扰的森林地区。雄萤 4~6 月出现，昼夜均较活跃，夜晚飞行时发出微弱持续的光。秦岭南坡分布。

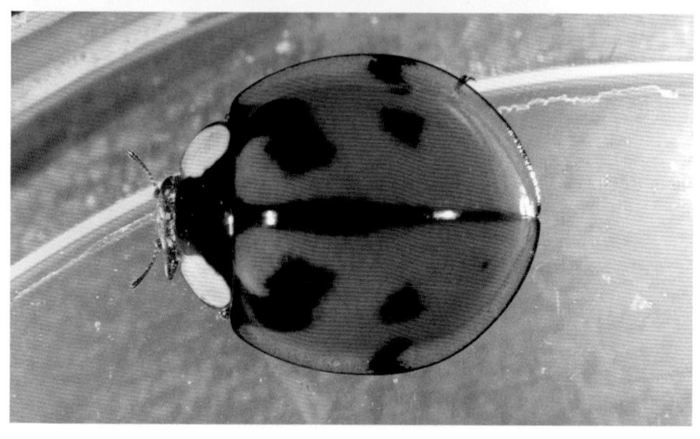

六斑异瓢虫

Aiolocaria mirabilis

（Ladybird Beetle，奇变瓢虫）
鞘翅目 Coleoptera
瓢甲科 Coccinellidae
异斑瓢虫属 *Aiolocaria*

大型瓢虫，体长 9~12 mm。体宽卵形，圆弧形突起，背面光滑无毛。头、复眼、口器黑色，触角深褐色。前胸背板基色黑色，两侧备有 1 大黄斑；小盾片黑色。鞘翅浅红褐色，鞘缝黑色，于中部之前扩展呈粗宽纵条纹，每个鞘翅上有 3 对黑斑，色斑变异较大。腹面除腹部外缘黄褐色外，全部黑色。足全部黑色。第六腹板后缘呈尖圆突出（雌）或平截状（雄）。

常在柳属（*Salix*）树木上发现，捕食叶甲科幼虫。秦岭广布，多见于河边、路旁的树上。

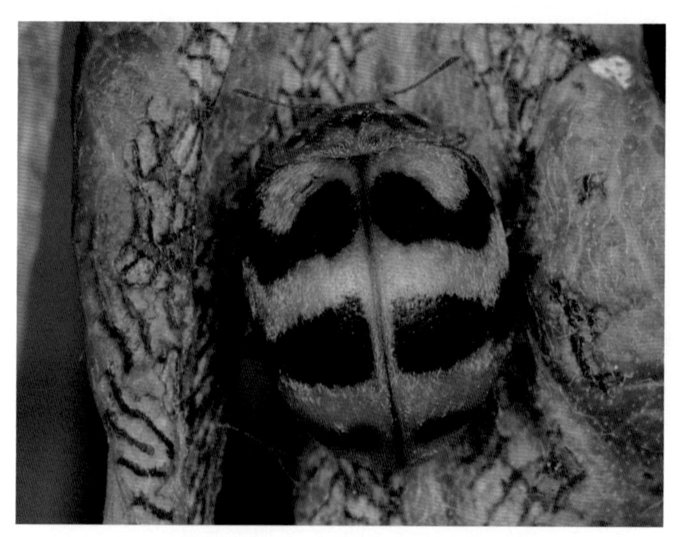

艾菊瓢虫　*Afissa plicata*

（Ladybird Beetle）
鞘翅目 Coleoptera
瓢甲科 Coccinnellidae
整臀瓢虫属 *Afissa*

体长 4~5 mm；长圆形，呈半球形拱起；头部褐黄色无斑纹。前胸背板黄色，中部有几乎横贯的褐斑。小盾片褐黄色。鞘翅浅黄褐色，有 3 条褐色横带，第 1 条呈缺口向前的半圆弧形。

植食性瓢虫，生于路边蒿草丛，寄主为菊科蒿属（*Artemisia*）植物。秦岭广布，火地塘林场火地沟常见。

银莲花瓢虫

Afissa convexa

（Ladybird Beetle）
鞘翅目 Coleoptera
瓢甲科 Coccinellidae
整臀瓢虫属 *Afissa*

体长 8~10 mm；虫体狭长盾牌形，鞘翅末端常向上翘起。通体密被白色、黄色或黑色绒毛。头部、前胸背板、鞘翅黄色，前胸背板中后缘上1大黑斑；鞘翅上 5 个大黑斑，有时连成带状，有一定变异。足股节黑色，其余黄色。

植食性瓢虫，生于路边草丛、疏林下，寄主为毛茛科银莲花属（*Anemone*）植物。秦岭广布，火地塘林场火地沟常见。

库氏锯天牛 *Prionus kucerai*

（Longhorn Beetle）
鞘翅目 Coleoptera
天牛科 Cerambycidae
锯天牛属 *Prionus*

体长 25~35 mm。雌性体型较大，雄性较小。通体乌黑色，稍具光泽，具粗糙刻点。头部向前伸，前口式，上颚短粗。复眼环绕触角基部。触角 12 节，锯齿状。前胸背板宽大于长，两侧分别具 2 枚锯齿。鞘翅较软，表面具稍微隆起的纵肋 3 条。胸、腹部腹面被金黄色绒毛。

幼虫蛀食衰弱树木或伐根。成虫 5~7 月出现，具趋光性，在地面上爬行迅速。秦岭南坡山区分布，火地塘林场场部常见。

雌

云斑白条天牛 *Batocera lineolata*

（Longhorn Beetle，云斑天牛）
鞘翅目 Coleoptera
天牛科 Cerambycidae
白条天牛属 *Batocera*

体长 32~65 mm。体黑褐至黑色，密被灰白色至灰褐色绒毛。前胸背板中央有一对肾形白色或浅黄色毛斑，小盾片被白毛。鞘翅上具不规则的黄色绒毛组成的云片状斑纹。鞘翅基部 1/4 处有大小不等的瘤状颗粒，肩刺大而尖。身体两侧由复眼后方至腹部末节有一条由白色绒毛构成的纵带。

幼虫蛀食树木。2~3 年 1 代，成虫 5~7 月出现，具趋光性。秦岭广布。火地塘林场场部常见。

橙斑白条天牛 *Batocera davidis*

（Longhorn Beetle，橙斑天牛）
鞘翅目 Coleoptera
天牛科 Cerambycidae
白条天牛属 *Batocera*

体长 45~80 mm。黑褐色，体被青灰色细毛。雄性触角各节下面有许多粗糙棘突，自第 3 节起各节端部略膨大，内侧突出，以第 9 节突出最长，呈刺状；雌性触角较体略长，有较稀疏的小棘突。前胸背板中央有 1 对橙黄色肾形斑；前胸背板侧刺突尖长；小盾片密生白毛。鞘翅基部密生瘤粒，肩刺短。每鞘翅有若干不规则橙黄斑。

幼虫蛀食树木。2~3 年 1 代，成虫 5~7 月出现，具趋光性。秦岭南坡分布。

黄星天牛

Psacothea hilaris

（Yellow Spotted Longhorn Beetle，黄星桑天牛）
鞘翅目 Coleoptera
天牛科 Cerambycidae
黄星天牛属 *Psacothea*

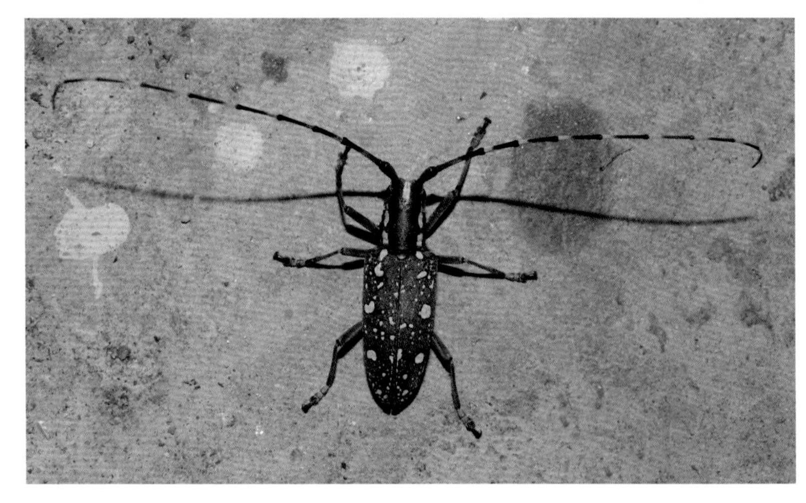

体长 15~23 mm。体黑褐色，密生黄白色或灰绿色短绒毛。头顶有 1 条黄色纵带。触角较长，雄性为体长的 2.5 倍，雌性为 2 倍。前胸两侧中央各生一个小刺突，左右两侧各具一条纵向黄纹与复眼后的黄斑点相连，鞘翅上不规则黄色斑点数十个。胸腹两侧也有纵向黄纹，各节腹面具黄斑 2 个。

寄主为桑科（Moraceae）植物。成虫 5~7 月出现，具趋光性。秦岭广布，生于森林、农田。

拟蜡天牛

Stenygrinum quadrinotatum

（Longhorn Beetle，四星姬天牛）
鞘翅目 Coleoptera
天牛科 Cerambycidae
拟蜡天牛属 *Stenygrinum*

体长 9~12 mm。棕褐色至红褐色，额正中具 1 条纵纹。前胸圆筒形，表面粗糙；鞘翅有光泽，基部 2/3 色深，上有前后 2 个黄色椭圆形斑纹；鞘翅有绒毛及竖毛，翅端锐圆形。足腿节膨大。

生于栎树林或松栎混交林。幼虫蛀食壳斗科（Fagaceae）树木。成虫 6~8 月出现，有趋光性。秦岭广布，火地塘林场场部常见。

家茸天牛

Trichoferus campestris

（Velvet Longhorn Beetle）
鞘翅目 Coleoptera
天牛科 Cerambycidae
茸天牛属 *Trichoferus*

体长 9~22 mm。体黑褐至棕褐色，全体密被褐灰色细毛。小盾片和肩部着生较浓密的淡黄色毛。触角基瘤微突，雄性额中央有一条细纵沟。前胸背板宽大于长，两侧缘弧形；胸面刻点细密，粗刻点之间着生细小刻点，雌性无细刻点。鞘翅外端角弧形，缝角垂直，翅面有中等刻点，端部刻点较小。

生于木质房屋、伐木场等。幼虫蛀食树木，也蛀食干木材和家具。成虫 5~8 月可见，具趋光性。秦岭广布。

淡灰瘤象

Dermatoxenus caesicollis

（Weevil）
鞘翅目 Coleoptera
象甲科 Curculionidae
瘤象属 *Dermatoxenus*

体卵形，体长 14~16 mm。体黑色，密被灰白色鳞片，散布倒鳞片状毛。喙较短，触角灰色，端部 3 节稍膨大。前胸、鞘翅具不规则瘤突及刻点列。前胸中央具 1 黑带。鞘翅基部略宽于前胸，向后逐渐放宽，翅坡处最宽，以后逐渐缩窄。鞘翅基部具黑色三角形大斑，前端与前胸的黑带相连，后端模糊。跗节第 3 节双叶状。

生于林区，攀附于树或灌木上。受惊扰常假死。秦岭广布。

大双角蝎蛉

Dicerapanorpa magna

（Scorpionfly）
长翅目 Mecoptera
蝎蛉科 Panorpidae
双角蝎蛉属 *Dicerapanorpa*

头部前端延长呈喙状，头顶和喙黄褐色，胸腹部中央具有一条黄色纵带。雄性腹部第 6 节背板末端具 2 个臀角。雄性外生殖器卵形，反曲蝎尾状。

生活于环境良好的森林地区，取食死亡昆虫等。分布于秦岭南坡。

扁蚊蝎蛉

Bittacus planus

（Hanging Fly）
长翅目 Mecoptera
蚊蝎蛉科 Bittacidae
蚊蝎蛉属 *Bittacus*

形似大蚊，体黄褐色。头前端延长呈喙状，口器咀嚼式，位于喙末端。足极长，跗节捕捉式，第 5 跗节折回于第 4 跗节上，仅具 1 爪。雄性外生殖器不呈球状。

生活于茂密的森林地区。肉食性，用后足或中足捕捉猎物。停息时以前足悬挂于灌木枝条或叶片。交配时雄性有献礼行为。秦岭广布。

1. 整体；2. 侧面；3. 头部侧面特写，示突出的颜面

黄盾蜂蚜蝇

Volucella pellucens tabanoides

（Syrphid Fly）
双翅目 Diptera
食蚜蝇科 Syrphidae
蜂蚜蝇属 *Volucella*

体长 14~18 mm，翅展 35~42 mm。复眼大，雄性在背面相接，雌性分离。触角具芒状，芒具羽状分支。后头凹入。颜面橘黄色具光泽，在触角下方陷入，中突大而圆，之下锥状向下突出。中胸背板黑而亮，小盾片暗黄色，后缘具黑色长鬃。翅中部具大型黑褐色斑。第 2 腹板黄白色，半透明。

幼虫生活于蜂巢中，以蜂巢碎屑或死亡蜂类幼虫为食，属腐食性。成虫访花。秦岭广布，成虫可见于各类生境。

大黄长角蛾

Nemophora amurensis

（Fairy Longhorn Moth）
鳞翅目 Lepidoptera
长角蛾科 Adelidae
长角蛾属 *Nemophora*

雄性触角长于翅 3 倍以上，基部紫褐色，端部白色；雌性触角约等于翅长。前翅外缘具 10 余条放射状黄色纹，后翅紫褐色无斑纹。

生于茂密的灌丛、草丛。多白天活动，飞行较缓慢。夜间有一定趋光性。秦岭广布。

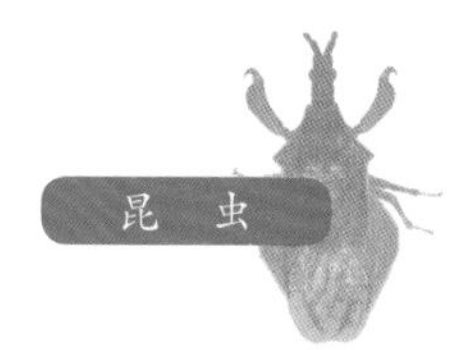

黄刺蛾

Monema flavescens

（Slug Moth）
鳞翅目 Lepidoptera
刺蛾科 Limacodidae
黄刺蛾属 *Monema*

翅展 30~38 mm。下唇须发达，向上弯曲。头、胸部黄色，腹部黄褐色。前翅内半部黄色，外半部褐色，两条暗褐色横线从翅尖同一点向后斜伸，后缘基部 1/3 处和横脉上各有一个暗褐色圆形小斑。

生于森林、农田、村镇等各类生境。成虫 5~7 月出现，具趋光性。幼虫寄主范围广。秦岭广布。

金盏拱肩网蛾

Camptochilus sinuosus

（Picture-winged Leaf Moth，金盏网蛾）
鳞翅目 Lepidoptera
网蛾科 Thyrididae
拱肩网蛾属 *Camptochilus*

翅展 25~28 mm。头、胸及腹部均为黄褐色，具金属光泽。前翅前缘拱起，呈弯曲形；前缘中部外侧有 1 个三角形褐斑；前翅、后翅基部有若干不规则的网状纹。后翅基半部褐色，有金黄色花蕊形斑纹，外半金黄色，缘毛褐色。

生于山区森林。幼虫食叶。成虫具趋光性。秦岭南坡地区分布。

四斑绢野螟

Diaphania quadrimaculalis

(Grass Moth)
鳞翅目 Lepidoptera
草螟科 Crambidae
绢野螟属 *Diaphania*

翅展 33~38 mm。头部淡黑褐色，两侧有细白条。触角黑褐色；下唇须向上伸，下侧白色，其余部分黑褐色。胸、腹部黑色，两侧白色。翅面具丝绢光泽；前翅黑色，有 4 个白斑；后翅底色白，外缘具黑色带。雄性腹末具毛簇形成的发香器，用以散发信息素。

生于山区森林、农田。幼虫食叶。成虫具趋光性。秦岭广布。

黑织叶野螟

Anania luctualis

(Grass Moth)
鳞翅目 Lepidoptera
草螟科 Crambidae
棘趾野螟属 *Anania*

翅展 22~26 mm。头部黑褐色，两侧有白色条带，有少数白色鳞片；触角淡黑褐色；下唇须下侧白色，其余黑褐色。前翅黑色，中部有一块白色扁圆斑，与前缘接触；后翅前缘向下有长圆形白斑，向后缘横伸。

生于森林、农田等各类生境。幼虫食叶。成虫具趋光性。秦岭广布。

柞褐野螟

Datanoides fasciatus

（Snout Moth）
鳞翅目 Lepidoptera
草螟科 Crambidae
褐野螟属 *Datanoides*

翅展 26~33 mm。额平，头淡黄褐色。雄性触角羽毛状。胸、腹部背面淡褐色，翅基下胸侧有 1 束黄褐色长毛。前足、中足胫节具红褐色毛簇。前翅宽阔，外缘中部向外突出成角。停歇时触角向后伏贴，腹部上举，拟态枯叶。

生于栎树林或松栎混交林。寄主为栎属（*Quercus*）植物。成虫 6~7 月出现，具趋光性。秦岭广布。

树形尺蛾

Mesastrape fulguraria

（Geometer Moth）
鳞翅目 Lepidoptera
尺蛾科 Geometridae
树形尺蛾属 *Mesastrape*

翅展 70~80 mm。体棕黑色，翅棕色，有白色树枝状纹；翅展开时前翅、后翅白纹相连接。后翅干纹下有 1 横纹，横纹外侧有 3 个三角形黑斑。全翅散布黄色细纹。

生于山区森林。幼虫食叶。成虫具趋光性。秦岭广布。

雪尾尺蛾

Ourapteryx nivea

（Swallow-tailed Moth）
鳞翅目 Lepidoptera
尺蛾科 Geometridae
尾尺蛾属 *Ourapteryx*

翅展 40~50 mm。翅白色，前翅 2 条浅褐色斜线，后翅 1 条与前翅内侧斜线相接；后翅外缘尾状突出，有 2 赭色斑。翅外缘具赭色毛。

生于森林地区，寄主为栎属（*Quercus*）、朴属（*Celtis*）植物等。成虫具趋光性。秦岭广布。

中国巨青尺蛾

Limbatochlamys rothorni

（Geometer Moth）
鳞翅目 Lepidoptera
尺蛾科 Geometridae
巨青尺蛾属 *Limbatochlamys*

大型尺蛾。翅展 60~80 mm。前翅橄榄色，前缘枯褐色，翅近端部每脉上有 1 小褐点；后翅灰褐色，横线锯齿形；翅反面淡灰色。

幼虫食叶。成虫具趋光性。生于秦岭南坡森林地区。

猫眼尺蛾

Problepsis superans

（Geometer Moth）
鳞翅目 Lepidoptera
尺蛾科 Geometridae
眼尺蛾属 *Problepsis*

翅展 45~60 mm。头顶白色。前翅中部具 1 橙色眼斑，内部具“C”形黑圈，前端开口，黑圈内具一不完整的银色圈和一黑斑。后翅眼斑色深，有时近黑灰色，近椭圆形，斑内散布银鳞，外上角带少量黑色；前后翅缘毛基半部灰白色，端半部在翅脉端白色，翅脉间深灰色。

生于森林地区。幼虫食叶。成虫具趋光性。秦岭广布，火地塘林场场部灯下常见。

明线垂耳尺蛾

Pachyodes iterans

（Geometer Moth，江浙垂耳尺蛾）
鳞翅目 Lepidoptera
尺蛾科 Geometridae
垂耳尺蛾属 *Pachyodes*

翅展 50~65 mm。雄触角羽毛状。额黑褐色，其上端及下缘、头顶、下唇须黄白色。体色青褐，前后翅内外线相连接，黑褐色附蓝色边缘；前翅中室上各有 1 棕黑色三角状或月牙状斑。翅反面灰白色。

生于森林地区。幼虫食叶。成虫具趋光性。秦岭广布，火地塘林场场部灯下常见。

玉臂尺蛾

Xandrames dholaria

（Geometer Moth）
鳞翅目 Lepidoptera
尺蛾科 Geometridae 玉臂尺蛾属 *Xandrames*

翅展 90~100 mm，体色棕黑。前翅棕黑色，密布淡色纹，中部有 1 条玉色宽横带，从前缘中央斜行至臀角；后翅棕褐色，外缘有黄色带。生于森林地区。成虫 7~8 月出现，有趋光性。秦岭广布，火地塘林场场部灯下常见。

大斑波纹蛾

Thyatira batis

（Peach Blossom）
鳞翅目 Lepidoptera
波纹蛾科 Thyatiridae
波纹蛾属 *Thyatira*

翅展 32~45 mm。体褐色，腹面黄白色，腹部背面有 1 暗褐色毛丛。前翅暗棕色，有 5 个带白边的桃红色斑，斑上有棕色区域，翅基部和后角处的斑最大；后缘中间有 1 近半圆形斑。后翅暗褐色，外线和缘毛色淡。

生于森林地区。幼虫寄主为草莓属（*Fragaria*）植物。成虫具趋光性。秦岭广布，火地塘林场场部灯下常见。

浅翅凤蛾

Epicopeia hainesii

(Swallowtail Moth)
鳞翅目 Lepidoptera
凤蛾科 Epicopeiidae
凤蛾属 *Epicopeia*

形似凤蝶。翅展 58~68 mm。翅烟褐色，脉黑色。前翅中室有 1 叉状脉。后翅具尾突，黑色，内侧有一行 4~5 个红色斑点；尾突上方有 1 个不显著的红点。幼虫体表密布蜡丝。

生于森林、农田等。幼虫寄主为山胡椒属（*Lindera*）植物。成虫具趋光性。秦岭广布。

杨枯叶蛾

Gastropacha populifolia

(Poplar Lappet，白杨毛虫)
鳞翅目 Lepidoptera
枯叶蛾科 Lasiocampidae
杨枯叶蛾属 *Gastropacha*

雄性翅展 40~60 mm，雌性翅展 57~77 mm；体、翅黄褐色。前翅外缘呈弧形波状纹，后缘极短，从翅基发出 5 条黑色断续的波状纹，散布黑色鳞毛。后翅有 3 条明显的黑色斑纹，前缘橙黄色，后缘浅黄色。静止时后翅一部分超出前翅前缘；形似枯叶。

生于森林地区。幼虫寄主为杨柳科（Salicaceae）、蔷薇科（Rosaceae）植物。成虫具趋光性。秦岭广布，火地塘林场场部灯下常见。

绿尾天蚕蛾

Actias selene

(Indian Moon Moth)
鳞翅目 Lepidoptera
天蚕蛾科 Saturniidae
尾天蚕蛾属 *Actias*

体长 32~38 mm，翅展 100~130 mm。体粗大，被白色絮状鳞毛。头部两触角间具紫色横带1条，触角黄褐色羽状。前胸背板前缘具暗紫色横带 1 条，与前翅前缘的横带相连。翅淡青绿色，基部具白色絮状鳞毛，翅脉灰黄色；后翅臀角尾状延长。前翅、后翅中室端各具眼状斑 1 个，斑中部有 1 透明横带。

生于森林、农田。寄主范围广。成虫 5~8 月出现，有强趋光性。秦岭广布，火地塘林场场部灯下常见。

长尾天蚕蛾

Actias dubernardi

(Chinese Moon Moth)
鳞翅目 Lepidoptera
天蚕蛾科 Saturniidae
尾天蚕蛾属 *Actias*

翅展 90~110 mm。体白色，触角黄褐色，雄性发达羽毛状，雌性不发达。前胸前缘紫红色，肩板后缘淡黄色；前翅雄性橙黄色，外缘粉红色；雌性粉绿色，外缘黄色。中室有 1 个眼纹；后翅后角的尾突延长呈飘带状；雄性尾突粉红色至橙红色，近端部黄绿色，外缘黄色；雌性尾突较短，颜色较晦暗。

生于森林地区。幼虫食叶。寄主范围广。成虫 5~7 月出现，具趋光性，多在凌晨才活动。秦岭南坡分布，火地塘林场场部灯下常见。

樗蚕 *Samia cynthia*

（Ailanthus Silk Moth）
鳞翅目 Lepidoptera
天蚕蛾科 Saturniidae
樗蚕属 *Samia*

体长 25~30 mm，翅展 110~130 mm。体青褐色。头部四周、颈板前端、前胸后缘、腹部背面、侧线及末端都为白色。腹部背面各节有白色斑纹 6 对，其中间有断续的白纵线。前翅褐色，前翅顶角后缘呈钝钩状，顶角圆而突出，粉紫色，具眼状斑。前后翅中央各有一个较大的新月形斑，外侧具一条纵贯全翅的宽带，宽带中间粉红色、外侧白色、内侧深褐色。

生于森林、农田。幼虫寄主为臭椿（*Ailanthus altissima*）、冬青（*Ilex* spp.）植物等。成虫 5~9 月出现，具趋光性。秦岭南坡分布，火地塘林场场部灯下常见。

猫目天蚕蛾 *Salassa thespis*

（Saturniid Moth）
鳞翅目 Lepidoptera
天蚕蛾科 Saturniidae
目天蚕蛾属 *Salassa*

翅展 110~120 mm。体棕红至黄褐色，后胸背有赭红色毛丛。前翅棕褐色，散布黄色鳞毛，基线粉白色；中线由锈红色横带及半透明白点组成，倾斜度大；外线棕色齿状较垂直；亚外缘线锈黄色，不甚明显；后角宽大钝圆；中室有较大的粉绿色蝌蚪形斑，斑的外缘及上缘有黑色边。后翅中室有似猫眼的大斑，斑的一半呈半透明蝌蚪形，另一半黑色，外围有白色及棕黑色圈。

生于森林地区。幼虫食叶。成虫 6~7 月出现，具趋光性。秦岭南坡分布，火地塘林场场部灯下常见。

红大豹天蚕蛾

Loepa oberthuri

（Saturniid Moth）
鳞翅目 Lepidoptera
天蚕蛾科 Saturniidae
豹天蚕蛾属 *Loepa*

翅展 100~140 mm。前翅前缘灰褐色，具黑色边缘；顶角橙黄色，内侧有白色波浪纹，下方有黑色波浪纹直达中脉；后缘前方橙红色；中室端有橙红色眼纹，上方镶有黑边并靠近前缘的黑色带。

生于森林地区。成虫 6~7 月出现，具趋光性。秦岭南坡分布，火地塘林场场部灯下常见。

梅氏豹天蚕蛾

Loepa meyi

（Saturniid Moth）
鳞翅目 Lepidoptera
天蚕蛾科 Saturniidae
豹天蚕蛾属 *Loepa*

较小的天蚕蛾，翅展 60~70 mm。体黄色，颈板及前翅前缘褐色，前翅前缘的褐色带延伸至中部，以后渐渐消失。前翅内线、外线、亚外缘线单线波状；顶角外突，内侧有白色波浪纹，纹外侧红色，纹下方具 1 黑斑；中室端具 1 眼斑，内侧镶有黑边，中心黄白色。后翅斑纹与前翅相似，亚外缘线外还有 3 行线、纹。

生于森林地区。成虫 6~7 月出现，具趋光性。秦岭南坡分布，火地塘林场场部灯下常见。

野蚕蛾

Bombyx mandarina

（Wild Silk Moth）
鳞翅目 Lepidoptera
蚕蛾科 Bombycidae
蚕蛾属 *Bombyx*

雄

翅展 30~45 mm。前翅外缘顶角下方内陷，顶角下方至外缘中部深棕色。后翅色略深，中部有 1 深色宽带，后缘中央有 1 新月形棕黑色斑，斑的外围镶有白边；雄性比雌性颜色偏深，翅上各线及斑纹更为明显，中室有 1 肾形纹。

生于森林、农田。幼虫寄主为桑树（*Morus alba*）。成虫 6~8 月出现，具趋光性。秦岭广布。

枇杷六点天蛾

Marumba saishiuana saishiuana

（Sphinx Moth, Hawk Moth）
鳞翅目 Lepidoptera
天蛾科 Sphingidae
六点天蛾属 *Marumba*

翅展 70~80 mm。体、翅褐色，前胸背板、腹部具深色中线。前翅外缘锯齿状，顶角处具分界明显的黑褐色大斑；内线 4 条，形成两条宽的深色带；外线 3 条，第 2 条盘曲，绕过后角处的两个黑点。后翅灰褐色，后角处具 2 枚相连的黑斑。

生于山区森林。成虫 6~7 月出现，具趋光性。秦岭南坡分布，火地塘林场场部灯下常见。

榆绿天蛾

Callambulyx tatarinovii tatarinovii

（Sphinx moth, Hawk Moth）
鳞翅目 Lepidoptera
天蛾科 Sphingidae
绿天蛾属 *Callambulyx*

翅展 75~80 mm。翅面粉绿色，有云纹斑；胸背墨绿色；前翅前缘顶角有一块较大的三角形深绿色斑，后缘中部有块褐色斑。内横线外侧连成一块深绿色斑，外横线呈 2 条弯曲的波状纹；翅的反面近基部后缘淡红色。后翅红色，后缘角有墨绿色斑，外缘淡绿；翅反面黄绿色；腹部背面粉绿色，每腹节 1 条黄白色线纹。

生于森林、农田。每年发生 2 代，寄主为榆属（*Ulmus*）、柳属（*Salix*）植物。成虫 6~8 月出现，具趋光性。秦岭广布，火地塘林场场部灯下常见。

小豆长喙天蛾

Macroglossum stellatarum

（Hummingbird Hawk Moth）
鳞翅目 Lepidoptera
天蛾科 Sphingidae
长喙天蛾属 *Macroglossum*

小型天蛾，翅展 45~50 mm。体棕灰色。前翅棕灰色，具黑色折曲横线 2 条，其间近前缘处有 1 小黑点，易与同属其他种区分。后翅橙黄色，外缘焦褐色。腹部末端具黑色毛簇。

从平原到高山均有分布。白天活动，访花，能在空中悬停吸取花蜜；飞行迅速，易被误认为蜂鸟。4~10 月均可见。幼虫寄主为茜草科猪殃殃属（*Galium*）植物。秦岭广布，火地塘的火地沟、平河梁均可见。

棕绿背线天蛾

Cechetra lineosa

（Sphinx Moth, Hawk Moth，条背天蛾）
鳞翅目 Lepidoptera
天蛾科 Sphingidae
背线天蛾属 *Cechetra*

翅展 60~80 mm。体橙灰色；胸部背面具灰褐色，向后渐宽的中带；腹部中带灰褐色，与前胸中带相接，后部有棕黄色纵条纹。前翅自顶角至后缘基部有橙灰色斜纹，翅基有黑色、白色毛丛；中室端部具 1 黑点；顶角尖。后翅大部黑色，有灰黄色横带。翅反面橙黄色，外缘灰褐色，顶角内侧前缘上有黑斑。

生于山区森林。幼虫寄主为葡萄属（*Vitis*）植物。成虫 6~8 月出现，具趋光性。秦岭南坡分布，火地塘林场场部灯下常见。

黑蕊尾舟蛾

Dudusa sphingiformis

（Notodontid Moth，黑蕊舟蛾）
鳞翅目 Lepidoptera
舟蛾科 Notodontidae
尾舟蛾属 *Dudusa*

雄性翅展 70~80 mm。头、触角黑褐色。触角呈双栉状，分枝超过中部，雌性分枝较雄性短，尾端线形。前翅灰黄褐色，基部有一黑点，呈一大三角形斑；亚基线、内线和外线灰白色。内线呈不规则锯齿形，外线清晰，斜伸双曲形。亚端线和端线均由脉间的灰白色月牙形纹组成。缘毛暗褐色。后翅暗褐色，前缘基部和后角灰褐色，亚端线同前翅。雄性腹部末端具发达的毛簇，用以散发信息素。腹节间具发音器。

生于森林地区。幼虫寄主为无患子科（Sapindaceae）、槭树科（Aceraceae）植物。成虫 5~8 月出现，具趋光性。受惊扰时，会抬高腹部、展开毛簇，同时腹部发音器发出“吱吱”声。秦岭南坡分布。

榆掌舟蛾

Phalera fuscescens

（Notodontid Moth）
鳞翅目 Lepidoptera
舟蛾科 Notodontidae
掌舟蛾属 *Phalera*

翅展 58~65 mm。体灰褐色；前翅具银色光泽，顶角处有 1 个浅黄色掌形大斑，后角处有黑色斑纹 1 个；翅面具多条不清晰的黑色波浪状横纹。整体形态如两头有断面的树枝。

生于山区、平原。幼虫寄主为榆属（*Ulmus*）植物，幼虫群聚食叶。成虫 5~7 月出现，具趋光性。秦岭广布。

叉斜带毒蛾

Numenes separata

（Tussock Moth，三岔毒蛾）
鳞翅目 Lepidoptera
毒蛾科 Lymantridae
斜带毒蛾属 *Numenes*

雌雄差异较大。雄性翅展 50~58 mm，雌性翅展 56~60 mm。头部、胸部和足橙黄色带黑褐色毛鳞；腹部褐黑色微带橙黄色，肛毛簇橙黄色；前翅黑褐色略带青紫光泽。后翅明橙黄色，亚端区具 2 个黑褐色斑。雄性前翅从前缘中部到臀角有一浅黄色斜带，从带中央到顶角分出一细斜带。雌性基线黄白色，弓形；从臀角向翅顶及前缘有一三叉形带。

生于山区森林。幼虫寄主为鹅耳枥（*Carpinus* spp.）等。每年发生 2 代，成虫 5~6 月和 8~9 月出现。秦岭南坡分布。

杧果毒蛾

Lymantria marginata

（Tussock Moth，黑边花毒蛾）
鳞翅目 Lepidoptera
毒蛾科 Lymantridae
毒蛾属 *Lymantria*

翅展雄 40~45 mm，雌 40~52mm。雄性头部黄白色，复眼周围黑色；腹部黄色，前翅黑棕色有黄白色斑纹，内线、中线波浪形，外线和亚端线锯齿形，从前缘到中室有 1 黄白色斑，其上有 1 黑点；后翅棕黑色，外缘 1 列白点。雌性前翅近白色，有棕黑色斑纹，基部 1 个棕黑色大斑；内线、中线、外线宽锯齿形，亚端线波浪形。外缘棕黑色，有 1 行白点。

生于森林地区。在南方寄主为杧果（*Mangifera indica*），在陕西取食漆树科（Anacardiaceae）植物。成虫具趋光性。秦岭南坡分布。

白黑华苔蛾　*Agylla ramelana*

（Arctiid Moth）
鳞翅目 Lepidoptera
灯蛾科 Arctiidae
华苔蛾属 *Agylla*

翅展 40~60 mm，大部白色；雄性前翅前缘、外缘具黑边，外带黑，翅合拢时呈三角形黑斑；雌性外线缩减为 2 个黑点。后翅中室下角外有 1 黑斑。

生于森林地区。成虫 5~8 月出现，具趋光性。秦岭南坡分布。

艳修虎蛾 *Seudyra venusta*

（Tiger Moth, 艳虎蛾）
鳞翅目 Lepidoptera
虎蛾科 Agaristidae
修虎蛾属 *Seudyra*

翅展 38~42 mm。头部及胸部黑褐色杂白色，下胸及足淡黄色。腹部杏黄色，背面 1 列黑色毛簇。前翅底色灰白，密布黑褐色细点。顶角及后缘 2 紫红色大斑，斑周围黑色。后翅杏黄色，中室端部 1 小黑斑，臀角 1 小黑斑，端区具黑色带，外缘毛黑色。

生于森林地区。幼虫寄主为葡萄科（Vitaceae）植物。成虫 6~7 月出现，具趋光性。秦岭南坡分布。

八字地老虎

Xestia c-nigrum

（Setaceous Hebrew Character）
鳞翅目 Lepidoptera
夜蛾科 Noctuidae
鲁夜蛾属 *Xestia*

翅展 29~36 mm。头、胸灰褐色，足黑色有白环。前翅灰褐色略带紫色；中室黑色，前缘中部具一淡褐色三角形斑，直达中室后缘中部。后翅淡黄色，外缘淡灰褐色。老熟幼虫体长 33~37 mm，头黄褐色，有 1 对“八”字形黑褐色斑纹。

生于森林、农田等生境。幼虫取食植物地下部分。成虫 5~8 月出现。秦岭南坡分布。

平嘴壶夜蛾

Oraesia lata

（Owlet Moth）
鳞翅目 Lepidoptera
夜蛾科 Noctuidae
嘴壶夜蛾属 *Oraesia*

翅展 46~50 mm。头部及胸部灰褐色，下唇须扁长，向前喙状突出，端部平截。腹部灰褐色；前翅黄褐色带淡紫红色，有细裂纹，顶角尖锐，向后缘凹陷处具一红棕色斜线；后翅淡黄褐色，外线暗褐色，端区较宽，暗褐色。

生于山区森林。幼虫寄主为紫堇科（Fumariaceae）、唐松草属（*Thalictrum*）植物等。秦岭广布。

毛魔目夜蛾

Erebus pilosa

（Owlet Moth）
鳞翅目 Lepidoptera
夜蛾科 Noctuidae
魔目夜蛾属 *Erebus*

雄

翅展 90~105 mm。头部、胸部及腹部棕褐色。雄性前翅黑褐色带青紫色闪光，内半部在中室后被以褐色香鳞；内线黑色达中脉，肾纹红褐色，后端成二齿，有少许银蓝色；中线半圆形外弯，绕过肾纹，内侧褐色，与肾纹之间部分黑紫色；外线白色，波浪形外弯。雌性斑纹与雄性相似。

生于山区森林。幼虫食叶。成虫 6~7 月出现，具趋光性。秦岭南坡分布。

隐纹谷弄蝶

Pelopidas mathias

（Dark Small-branded Swift）
鳞翅目 Lepidoptera
弄蝶科 Hesperiidae
谷弄蝶属 *Pelopidas*

翅展 35~40 mm，翅披有黄绿色鳞片。前翅上有 8 个半透明的白斑，排成不整齐环状；雄性有 1 条灰色斜走线状性标，即香鳞区；后翅黑灰赭色，无斑纹，亚外缘中室外具 5 个小白点，中室内也有 1 个小白点。

生于森林、农田等多种生境。访花，飞行迅速。7~9 月成虫出现，幼虫取食禾本科（Poaceae）植物。秦岭广布。

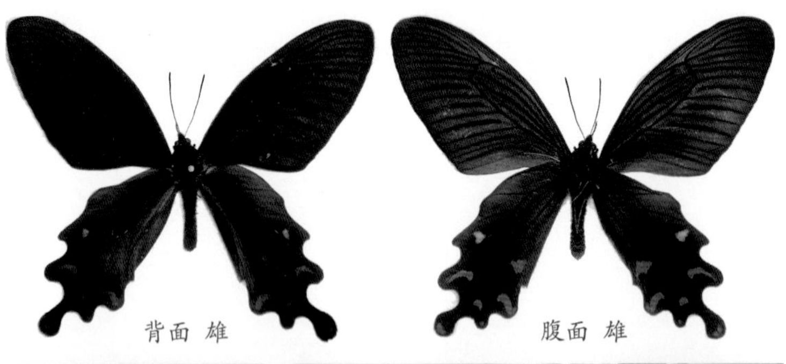

背面 雄　　腹面 雄

突缘麝凤蝶

Byasa plutonius

（Swallowtail Butterfly）
鳞翅目 Lepidoptera
凤蝶科 Papilionidae
麝凤蝶属 *Byasa*

翅展 85~100 mm。前后翅、体均黑色。后翅尾突前后齿明显突出，有 4 个或 5 个红色或带红色的亚缘斑。雄性香鳞毛黑褐色。

生于山区森林，幼虫寄主为防己科（Menispermaceae）植物。成虫访花，喜高飞。秦岭南坡分布。

乌克兰剑凤蝶

Pazala tamerlana

（Swallowtail Butterfly）
鳞翅目 Lepidoptera
凤蝶科 Papilionidae
剑凤蝶属 *Pazala*

体黑褐色。翅淡黄白色，前翅外带与亚缘带分离，有 10 条斜横带。正反面后翅的中线笔直无分叉；中室脉上无黑鳞。尾突黑色、细长，在尾突基部有青蓝色月牙形斑纹 3~4 个；臀角下有 1 个三角形白斑。翅反面黑色斑带都较淡，后翅前缘中间有 1 个黄色斑。

常沿小路或山谷飞行，或在水边吸水。秦岭南坡山区分布，见于林场平和梁草甸。

冰清绢蝶

Parnassius glacialis

（Glacial Apollo）
鳞翅目 Lepidoptera
绢蝶科 Parnassiidae
绢蝶属 *Parnassius*

雄

体黑色，胸、腹披有金黄色长毛，颈部有 1 轮黄色毛丛。翅半透明如绢，褐色翅脉明显，前翅亚外缘有 1 条褐色带纹；中室内和中室端各有 1 个黑褐色斑纹；后翅内缘的黑带较宽，上披黄色长毛。

活动于开阔的林地，飞行较缓慢。成虫 5~7 月出现。幼虫寄主为紫堇科（Fumariaceae）植物。秦岭广布。

背面

斑缘豆粉蝶

Colias erate

(Eastern Pale Clouded Yellow)
鳞翅目 Lepidoptera
粉蝶科 Pieridae
豆粉蝶属 *Colias*

翅展 45 mm 左右。紫红色触角呈锤状，顶端膨大。前翅基半部火黄色，靠近前缘处有一小黑圆斑；外半部黑色，有 6 个黄白色斑。后翅基半部黑褐色，具黄色粉霜，中央缀有一火黄色圆斑；外缘 1/3 呈黑色，有 6 个黄色圆点。

成虫 4~9 月出现；喜飞行于向阳的山地、林缘。幼虫寄主为豆科（Fabaceae）植物。秦岭广布，从平原到山区均可见。

腹面

背面 雄

橙黄豆粉蝶

Colias fieldii

(Dark Clouded Yellow)
鳞翅目 Lepidoptera
粉蝶科 Pieridae
豆粉蝶属 *Colias*

与斑缘豆粉蝶大小、形状相似。雌雄异形。翅为橙黄色，前翅、后翅外缘具较宽的黑色带，雌性带中具橙黄色斑，雄性无且边缘整齐；前翅、后翅中室端的黑点和橙黄点均较大。

成虫 4~9 月出现；喜飞行于向阳的山地、林缘。幼虫寄主为豆科（Fabaceae）植物。秦岭广布，从平原到山区均可见。

腹面 雄

普通绢粉蝶

Aporia genestieri

（Black-veined White，珍绢粉蝶）
鳞翅目 Lepidoptera
粉蝶科 Pieridae
绢粉蝶属 *Aporia*

翅展 55~ 65 mm。前翅灰白色，顶角及外缘灰黑色。后翅后缘暗赭色，基角有一明显的黄色斑。两翅的翅脉和前翅中室端横脉附近有较宽的黑色条纹，外缘黑色。

生于山区森林。成虫 6~7 月出现。秦岭南坡分布。

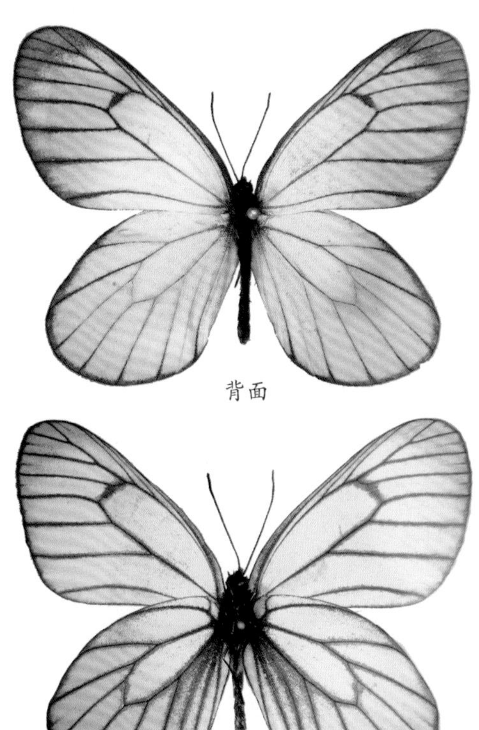

背面

腹面

大翅绢粉蝶

Aporia largeteaui

（Black-veined White，大苹粉蝶）
鳞翅目 Lepidoptera
粉蝶科 Pieridae
绢粉蝶属 *Aporia*

翅展 80~95 mm。头、胸黑褐色，腹部乳白色，背面及腹面各具 1 条黑纵带；翅乳白色，翅脉黑色，越近外缘越浓，端带黑色；后翅反面淡黄色，基部 1 橙黄斑。

生于山区森林。成虫 7~8 月出现，常飞行于林缘。秦岭南坡分布。

背面

腹面

背面 雄

腹面 雄

圆翅钩粉蝶

Gonepteryx amintha

（Pierid Butterfly）
鳞翅目 Lepidoptera
粉蝶科 Pieridae
钩粉蝶属 *Gonepteryx*

翅展雌性65 mm左右，雄性60 mm左右，体黑色，密被黄色鳞毛，翅深黄色。雄性翅面淡黄色，顶角突出呈钩状，两翅中室端有一橘红色斑；前翅前缘和外缘从第4脉起有紫褐色小点；后翅7脉显著隆起；翅里暗黄色，中室端斑暗红色。雌性翅背面奶黄色，腹面绿黄白色。

生于山地森林。成虫6~8月出现，飞行迅速。幼虫寄主为鼠李科（Rhamnaceae）植物。秦岭广布，火地沟到平河梁都可见。

背面 雄

腹面 雄

苔娜黛眼蝶

Lethe diana

（Satyrid Butterfly）
鳞翅目 Lepidoptera
眼蝶科 Satyridae
黛眼蝶属 *Lethe*

翅展48~55 mm，体翅黑褐色。翅正面无眼斑，后翅外缘具不清晰的烟色圆斑；翅反面前翅端半部浅色区有眼斑3~4个，后翅中部条纹黑色，向外眼状纹6个。雄性前翅后缘中部具1列黑色睫毛状长毛。

生于山地森林。成虫6~7月出现，在林缘、路边的草丛中低飞。秦岭广布，火地塘林场火地沟常见。

蛇眼蝶

Minois dyras

（Satyrid Butterfly）
鳞翅目 Lepidoptera
眼蝶科 Satyridae
蛇眼蝶属 *Minois*

背面

翅展 55~60 mm。体翅黑褐色。前翅基部一条脉明显膨大，中室外端有 2 黑眼纹，瞳点青蓝色；翅反面色略淡，前翅 2 枚眼斑明显较正面大，具棕黄圈；后翅由前缘中部至臀角处有一条不太清晰的弧形白带。前后翅亚缘区有一条不规则黑条纹。缘线黑色，缘毛黑褐色。

生于山地森林。成虫 6~7 月出现，在林缘、路边的草丛中低飞。秦岭广布。

腹面

周氏环蛱蝶

Neptis choui

（Nymphalid Butterfly）
鳞翅目 Lepidoptera
蛱蝶科 Nymphalidae
环蛱蝶属 *Neptis*

背面

翅展 60~65 mm。雄性翅橙黄色，雌性暗灰色至灰橙色，黑斑较雄性发达。雄性前翅有 4 条粗长的黑褐色性标，中室内有 4 条短纹，翅端部有 3 列黑色圆斑，后翅基部灰色，有 1 条不规则波状中横线及 3 列圆斑。后翅反面灰绿色，有金属光泽，无黑斑，亚缘有白色线及眼状纹，中部至基部有 3 条白色斜带。

生于山区森林，活动于向阳的公路、山坡。成虫 5~7 月出现，飞行迅速。秦岭南坡分布。

腹面

背面 雄

腹面 雄

绿豹蛱蝶

Argynnis paphia

（Nymphalid Butterfly）
鳞翅目 Lepidoptera
蛱蝶科 Nymphalidae
绿豹蛱蝶属 *Argynnis*

翅展 62~68 mm。雄性翅橙黄色，雌性暗灰色至灰橙色，黑斑较雄蝶发达。雄性前翅有 4 条粗长的黑褐色性标，中室内有 4 条短纹，翅端部有 3 列黑色圆斑，后翅基部灰色，有 1 条不规则波状中横线及 3 列圆斑。后翅反面灰绿色，有金属光泽，无黑斑，亚缘有白色线及眼状纹，中部至基部有 3 条白色斜带。

生于开阔的森林，活动于向阳的山坡、林缘。飞行迅速，能高飞。成虫 6~7 月出现，幼虫寄主为堇菜科（Violaceae）植物。秦岭广布。

背面 雄

腹面 雄

老豹蛱蝶

Argyronome laodice

（Nymphalid Butterfly）
鳞翅目 Lepidoptera
蛱蝶科 Nymphalidae
老豹蛱蝶属 *Argyronome*

翅展 48~60 mm。翅橙黄色，斑纹黑色。前翅中室和端部有 4 条横纹，外缘和亚外缘及中域各有 1 列黑色点斑。后翅外缘呈齿形，也有 3 条黑色点斑，中部有不规则的点状横带。

生于森林、农田。成虫飞行迅速，喜访花。发生期 6~8 月，幼虫的寄主为豆科（Fabaceae）植物。秦岭广布。

中华苞蛱蝶

Patsuia sinensis

（Nymphalid Butterfly，黄苞蛱蝶）
鳞翅目 Lepidoptera
蛱蝶科 Nymphalidae
苞蛱蝶属 *Patsuia*

背面

腹面

翅展 55~58 mm。翅黑褐色，斑纹淡黄褐色。前翅中室中部和端部各有一长圆形斑，中室端外侧有 3 枚不明显的小长条斑，近顶角有 3~4 个斑，中区 2 个，后缘近后角处有一斑；后翅基部有一大型斑，中部有大小一致的 7 个斑排成弧形横列；前后翅外缘有模糊不清的淡色带纹。反面前翅大部黄色，斑比正面大且边缘模糊；后翅黄色，翅中央有一弯曲的棕褐色横带，外缘有 1 条模糊的棕褐色波状细纹。

生于开阔的森林，活动于向阳的山坡、林缘，常于地面吸食液体。成虫 7~8 月出现。秦岭广布，火地塘林场火地沟常见。

紫闪蛱蝶

Apatura iris

（Purple Emperor）
鳞翅目 Lepidoptera
蛱蝶科 Nymphalidae
闪蛱蝶属 *Apatura*

背面 雄

腹面 雄

翅展 59~64 mm。翅黑褐色，雄性有强烈紫色闪光。前翅约有 10 个白斑，中室内有 4 个黑点；反面有 1 个黑色瞳斑，内部蓝色，外侧棕色。后翅中央有 1 条白色横带，并有 1 个与前翅相似的小眼斑。反面白色带上端很宽，下端尖削成楔形带，中室端部尖突显著。

生于开阔的森林，常于地面水坑、流水的岩壁上吸食液体。成虫 6~7 月出现，擅高飞。秦岭广布。

背面

腹面

白斑迷蛱蝶

Mimathyma schrenckii

(Nymphalid Butterfly)
鳞翅目 Lepidoptera
蛱蝶科 Nymphalidae
迷蛱蝶属 *Mimathyma*

翅展 76~85 mm。前翅正面顶角有 2 个白色小斑，中域有 1 条外斜白带，白带后缘有 2 个橙红色斑，后缘中央有 2 个小白斑。后翅正面亚外缘前端有 2~3 个白斑，中域有 1 个近卵形大白斑，白斑边缘有蓝色闪光。前翅反面顶角银白色，外缘带棕褐色，白带内外侧蓝黑色。后翅反面银白色，外缘有 1 条棕褐色带，在前缘外侧 1/3 处有一条斜至臀角的褐色带，斜带内侧有 1 个极大白斑。雌性近臀角有橙色斑点。

生于开阔的森林，活动于向阳的溪边、山坡等。成虫 4~7 月出现，飞行迅速。秦岭广布。

背面 雄

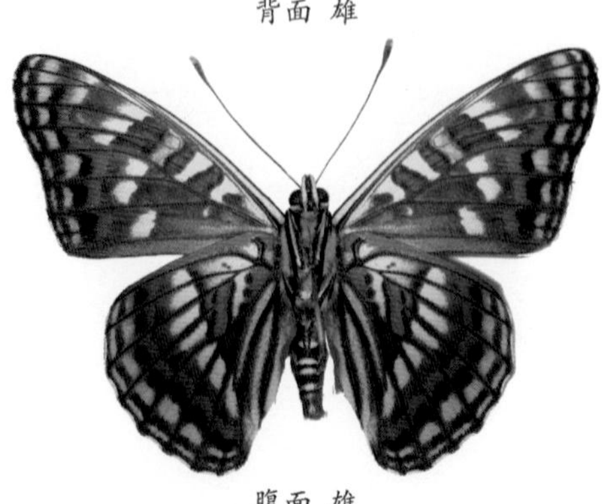
腹面 雄

锦瑟蛱蝶

Seokia pratti

(Nymphalid Butterfly)
鳞翅目 Lepidoptera
蛱蝶科 Nymphalidae
瑟蛱蝶属 *Seokia*

雌雄异型。雄性翅褐色，脉纹黑色，斑纹黄白色。前翅中室内有 2 条横纹，外缘线及亚缘线清晰，外线前具 2 个斑，其余全为红色，后翅中带、亚缘线及外缘线整齐，外线全为红色。雌性翅黑褐色，白斑退化，只红色外线明显。翅反面同雄性正面，但后翅前缘、中室基部与端部也有红纹。

生于开阔的森林，活动于公路、林缘。成虫 6~8 月出现。秦岭广布。

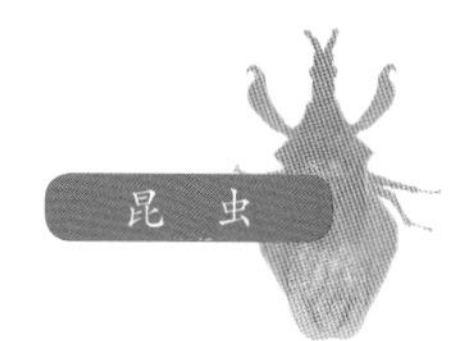

豹蚬蝶

Takashia nana

（Metalmark）
鳞翅目 Lepidoptera
蚬蝶科 Riodinidae
豹蚬蝶属 *Takashia*

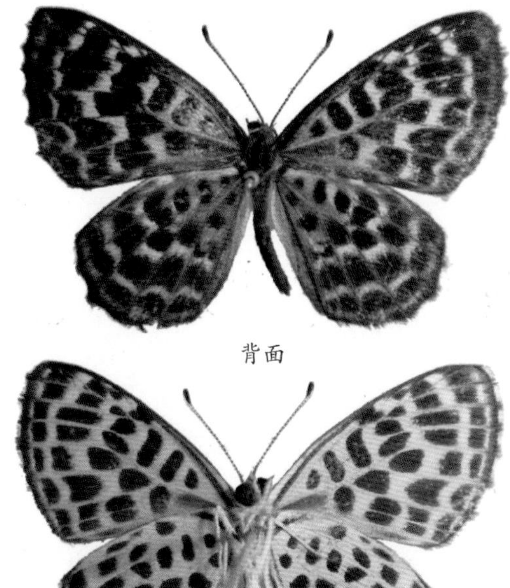
背面

腹面

翅展 30~36 mm。翅形略圆，外缘波曲，在脉端呈齿状，翅面底色橙黄色，前缘和外缘黑色，基室、中室和缘室中均有黑斑；翅反面底色黄，黑色斑纹同翅正面。

生于开阔的森林，活动于开阔的林下、草丛中，访花。成虫 6~7 月出现。秦岭广布，火地塘林场火地沟常见。

东方艳灰蝶

Favonius orientalis

（Gossamer-winged Butterfly）
鳞翅目 Lepidoptera
灰蝶科 Lycaenidae
艳灰蝶属 *Favonius*

背面 雄

腹面 雄

翅展 35~38 mm。雄雌异形，体翅黑褐色。雄性翅面具美丽的翠绿色金属光泽，雌性翅面较暗淡。翅中室及外侧各具一橙色斑；雌雄后翅具尾状突 2 枚，1 枚细长，1 枚甚短，尖端白色。雌性黑褐斑外侧有橙色斑；后翅近中部有 1 条白色斜线，在臀角处呈“W”形，沿外缘有 2 条白线纹，臀角处具橙黄色斑，斑内具黑点，臀角黑色圆片状突出。

成虫 8~9 月出现，活动于林缘地带，常在路面停歇。秦岭南坡分布，生于开阔的森林。火地沟、210 国道常见。

雄

莎菲彩灰蝶

Heliophorus saphir

（Gossamer-winged Butterfly）
鳞翅目 Lepidoptera
灰蝶科 Lycaenidae
彩灰蝶属 *Heliophorus*

翅展 38~40 mm。雄性翅面蓝紫色具光泽，翅形较宽阔圆润；前翅前缘黑色，外缘黑色带宽；后翅前缘黑带宽，蓝紫色部分颜色比前翅深；臀角处具 1 橙色锯齿状纹，纹端具 1 棕黑色尾突，末端白色。

生于山区森林。成虫 5~7 月出现，访花，喜在阳光充足时活动。秦岭南坡分布，多见于 210 国道沿线。

工蜂 雌

中华蜜蜂

Apis cerana cerana

（Eastern Honey Bee，土蜂，中蜂）
膜翅目 Hymenoptera
蜜蜂科 Apidae
蜜蜂属 *Apis*

体型较小，体长 10~13mm。体色暗，唇基表面具三角形黄斑，后翅中脉分叉。与意大利蜜蜂（*A. mellifera ligustica*）区别在于后者体型较大，体色黄褐，唇基表面黑色，无三角斑，后翅中脉不分叉。

社会性昆虫，驯化饲养广泛。秦岭山区都有分布。

黑盾胡蜂

Vespa bicolor

（Black Shield Wasp，黄胡蜂）
膜翅目 Hymenoptera
胡蜂科 Vespidae
胡蜂属 *Vespa*

体长 20~24 mm。前胸背板中部隆起，黄色，中胸背板黑色，小盾片黄色。后小盾片五边形，端部中央有角状突起。并胸腹节与小盾片相邻处黑色，余黄色，形成“Y”形纹。前胸侧板、后胸侧板、翅基片、足黄色。腹部除第 1 节基柄处和第 2 节基部黑色外，余黄色；第 3~5 背板中部两侧各有 1 棕色小斑。

生于山区森林、农田。社会性昆虫，以植物纤维筑纸质的蜂巢；喜捕食鳞翅目幼虫，也取食果实、花蜜及动物尸体等。秦岭广布。

日本弓背蚁

Camponotus japonicus

（Japanese Carpenter Ant）
膜翅目 Hymenoptera
蚁科 Formicidae
弓背蚁属 *Camponotus*

头大，近三角形，上颚粗壮。前胸背板、中胸背板较平；并胸腹节急剧侧扁。头、胸、并胸腹节具细密网状刻纹，有一定光泽；后腹部刻点更细密。体黑色。分为大小两个工蚁类型。大工蚁体长 12.3~13.8 mm，头大，上颚 5 齿，通体黑色，极个别个体颊前部、唇基、上颚和足红褐色。中小工蚁体长 7.4~10.8 mm，头较小，长大于宽。

社会性昆虫，穴居生活。秦岭广布，各类生境都可见到。

参考文献

董路，雷进宇，刘阳，等．2013．中国观鸟年报版“中国鸟类名录”v3.0. http://ishare.iask.sina.com.cn/download/explain.php?fileid=16779471.

费梁．2009. 中国动物志两栖纲（下卷）．北京：科学出版社．

冯宁，徐振武，郑松峰，等．2007. 秦岭鸟类资源种类和分布变化研究．西北林学院学报，22（5）:101-103.

胡淑琴，赵尔宓，刘承钊．1966. 秦岭及大巴山地区两栖爬行动物调查报告．动物学报，18（1）：57-89.

黄灏，陈长卿．2010. A taxonomic study of the genera *Lucanus* Scopoli, *Eolucanus* Kurosawa, and *Noseolucanus* Araya & Tanaka from China,with the description of two new species（Coleoptera: Scarabaeoidea: Lucanidae）. 台湾：福尔摩沙生态有限公司．

雷富民，卢建利，刘耀，等．2002. 中国鸟类特有种及其分布格局．动物学报，48（5）：599-610.

马世来，马晓峰，石文英．2001. 中国兽类踪迹指南．北京：中国林业出版社．

潘清华，王应祥，岩崑．2007. 中国哺乳动物彩色图鉴．北京：中国林业出版社．

秦岭，孟祥明，Alexei Kryukov, 等．2007. 陕西秦岭平河梁自然保护区小型兽类的组成与分布．动物学研究，28（3）：231-242.

陕西省动物研究所．1987. 秦岭鱼类志．北京：科学出版社．

孙承骞．2007. 中国陕西鸟类图志．西安：陕西科学技术出版社．

谭邦杰．1992. 哺乳动物分类名录．北京：中国医药科技出版社．

汪松，解焱．2004. 中国物种红色名录（Ⅰ）．北京：高等教育出版社．

汪松，赵尔宓．1998. 中国濒危动物红皮书——两栖类和爬行类．北京：科学出版社．

汪松．1998. 中国濒危动物红皮书——兽类．北京：科学出版社．

王廷正．1992. 陕西啮齿动物志．西安：陕西师范大学出版社．

王应祥．2003. 中国哺乳动物种和亚种分类名录与分布大全．北京：中国林业出版社．

萧刚柔．1992. 中国森林昆虫．北京：中国林业出版社．

徐振武，冯宁．2004. 陕西野生动物图鉴．西安：陕西旅游出版社．

约翰•马敬能，卡伦•菲利普斯，何芬奇．2000. 中国鸟类野外手册（中文版）．长沙：湖南教育出版社．

张巍巍，李元胜．2011. 中国昆虫生态大图鉴．重庆：重庆大学出版社．

赵尔宓．1997. 中国动物志爬行纲（第二卷）．北京：科学出版社．

赵尔宓．1998. 中国动物志爬行纲（第三卷）．北京：科学出版社．

郑光美 . 2011. 中国鸟类分类与分布名录（第二版）. 北京 : 科学出版社 .

郑乐怡，归鸿 . 1998. 昆虫分类 . 南京 ：南京师范大学出版社 .

郑生武 , 李保国 . 1999. 中国西北地区脊椎动物系统检索与分布 . 西安 : 西北大学出版社 .

郑生武 , 宋世英 . 2010. 秦岭兽类志 . 北京 : 中国林业出版社 .

郑作新 . 1973. 秦岭鸟类志 . 北京 : 科学出版社 .

中国野生动物保护协会 , 费梁 . 2000. 中国两栖动物图鉴 . 郑州 : 河南科学技术出版社 .

中国野生动物保护协会 , 季达明 , 温世生 . 2002. 中国爬行动物图鉴 . 郑州 : 河南科学技术出版社 .

周嘉熹，等 . 1988. 陕西省经济昆虫志鞘翅目 : 天牛科 . 西安 ：陕西科学技术出版社 .

周尧 . 1994 . 中国蝶类志 . 郑州 ：河南科学技术出版社 .

周尧 . 1998. 中国蝴蝶分类与鉴定 . 郑州 ：河南科学技术出版社 .

Andrew T S, 解焱 . 2009. 中国兽类手册 . 长沙 : 湖南教育出版社 .

Tony Piaway, Ian kitching. 2000-2015. Sphingidae of the Easfern Palaearcfic. http://tpittaway.tripod.com/china/china.htm.

拉丁名索引

A

B

C

D

E

F

G

T

U

V

X

Y

Z

中文名索引

D

F

G

H

P

Q

R

S

T

W

X